農山村の荒廃と空間管理

計画学の立場から地域再生を考える

齋藤雪彦 著
YUKIHIKO SAITO

世界思想社

はしがき

　本書は，筆者の約15年間に渡る研究記録を改めて1冊の書物として書き下ろしたものである。

　2011年の東日本大震災における沿岸部の津波被災地域に行くと，過疎化現象の「早送り」を見るようだ。1995年の阪神淡路大震災に比べて，過疎地域を中心に被害の大きかった本震災は，過疎問題や限界集落の問題との関連が深い。つまり緩慢な過疎化が続く過疎地域において，震災により急激な過疎化が引き起こされたという点では，震災は過疎問題を一気に顕在化させただけであり，本質的な背景として，過疎問題があったと言える。

　たとえば，震災を機に，仕事を求めて転出する子育て層，都市に住む子世帯を頼り転出する高齢層，子世帯が戻る予定のない中高年層家族の存在などが目立つ。地域産業について，震災後4年が経とうとしても，未だ本格的な復興には至らない中，復興関係の建設業に従事する住民も多いが，復興事業の終了後，どのような生業で生きていくかについてのビジョンを描けていない地域は多い。商店街の壊滅，住宅の高台移転などで，今後，車に乗れない高齢者の買い物難民化や，人口密度の減少した地域におけるコミュニティの機能不全も心配される。

　莫大な費用をかけて，防潮堤が再建され内陸部に幹線道路が整備される一方で，生活の再建のめどが立っていない住民が，2015年はじめの時点でも，多数，仮設住宅で暮らしている。復興に伴う公

はしがき

共事業費の一部でも個人の生活再建に回せないだろうかというのが筆者の正直な感想である。

しかし、こうした、世帯が分離し「家」が持続しないこと、地域産業の衰退、地域ビジョンの欠如、高齢者の買い物難民化、コミュニティの機能不全、公共事業に偏った地域振興施策等々は、「普通」の過疎地域で「普通」に見られることである。すなわち、住民の生活環境、高齢化社会、人口減少、あるいは国土管理の問題として、いわば人口減少・高齢化の進む日本の将来の試金石として、改めて、東日本大震災を機に、過疎地域（農山村地域）の荒廃、再生の課題が注目されている。

全国的にも農山村の荒廃が進行している。農林水産省の統計である農林業センサス（2010年世界農林業センサス）によると、全国の耕作地の約1割が耕作放棄地であるが、こうした統計には顕れない山間部の荒廃農地は多い。藪のようになってしまった田畑や、草だらけの農道、樹木が生えて水面が見えなくなった小河川といったものが目につく農村は珍しくないのだ。本書の趣旨は、まず、こうした農村の荒廃の実態を学術的に明らかにし、農村への関心や期待という新しい動きの中で、この課題を解決する道筋を示すことである。

さて以下では、農村の再生への道筋を考えること、もしくは農村への関心や期待の前提として、農村の魅力、あるいは都市と比べ優位な点について少し触れてみたい。

都市に生まれ育った筆者にとって、農村との出会いは、ある意味で異世界との出会いであった。たとえば、世間話を何時間も続ける人がいる。「（人と人との距離がある）都会では寂しくて暮らせない」という人がいる。同じ日本人であっても、農村では、筆者とは時間の感覚や人間関係のあり方が違うかのような人たちが暮らしていることに驚き、また魅せられていったのである。

他方、農村景観のたたずまいの美しさに、私たちは、はっとさせられ、背筋が自然と伸びる、と同時に、原生自然の荘厳さとは異な

り，農村の風景は，人の手による自然として，どこか懐かしく，私たちをほっとさせる力も持っている。

　こうした美しい景観や自然，新鮮な農産物は，私たちを農村に誘う魅力を持っている。特に農村景観は，その地域の自然，歴史，生活，農村住民の人情に裏打ちされた美しさの発露とも言うべきものであり，私たち農村研究者を農村へ駆り立てる。

　近年では，農村研究者だけでなく一般の都市生活者の間でも農村への関心が高まっている。ファッション誌に，「田舎暮らし」，「田植えギャル」，「市民農園」などが取り上げられ，「田舎暮らし」に関するテレビ番組がレギュラー化するなど，農村や農業に対する関心はかつてないほど高まり，農村＝ダサいという価値観は徐々に変わりつつある。たとえば，インターネットによる購買の一般化や，タウン誌，ご当地グルメの普及など，若者の地域志向，脱・上京志向も報告されており，また，Ｉターン者が半数を占める集落も散見され（本文にて紹介），田舎暮らしを実践するＩターン者が地域の担い手になっていく可能性も示唆される。

　一方，東日本大震災では，都市の災害に対する脆弱性も明らかになった。たとえば，震災後の買い占め騒動は，燃料，食品等の物的脆弱性，助け合いのない人的脆弱性への都市住民の不安感が要因である。さらに，原発事故によるエネルギー問題の顕在化は，現在の都市生活のあり方に疑問を投げかけている。

　昨今，単身高齢者の孤立死に加え，貧困や介護者の病死により，世帯ごと孤立死する事例がマスコミで取り上げられている。こうした状況は，コミュニティの形骸化やコミュニケーションの希薄化がより一般的になり，深刻になったという社会の基層的課題が，社会的弱者の孤立死というかたちで析出したととらえることができる。つまり，西暦2000年代に入り加速した，経済的な競争と格差による心の余裕のなさ，伝統的価値観の崩壊とそれに代わる社会的連帯の不在が，かねてから言われていた，大都市におけるコミュニティの崩壊やコミュニケーションの希薄化を行き着くところまで行き着

はしがき

かせた観がある。

　こうしたことから，もはや人間らしい生活は「地方」や「農村」にしかないのではないかという意味で，農村が注目される。

　一方で，農村の伝統的価値観，つまり年功序列や相互監視，排他的性格などを嫌って，若い世代を中心に都市に移り住んできたという側面もある。コミュニティの呪縛からの「個人」の解放は，「個人」の孤独や孤立とコインの裏表であるとも言える。農村への単純でノスタルジックなイメージは，たとえば，第二次世界大戦前における言論弾圧や閉塞感を抜きにした，同時代への礼賛に似て，一面的な見方である。つまり，先に述べたように「人間らしい生活は農村にしかない」，「農村こそがユートピアである」のいずれとも無条件には言い難い。むしろ，現代の日本においては，大都市の「無縁社会」でもなく，農村の「伝統的封建社会」でもない「新しい市民社会」のあり方が求められる。その萌芽の一つが，農村における地域づくりの現場にあるのではないかと，筆者はとらえているのだ。農村における地域づくりの現場においては，新しい価値観（エコロジー，平等，新しい共助等々）による，既存組織とは違う論理で動く集団や人々，社会的連帯の兆しが生まれており，「新しい市民社会」の一つの原型であるとも言える。つまり，アイデンティティや生きがい，幸福感といった人の本質に関わるものを，一方的に押し付けるのではなく，また野放図に個人に任せるのではなく，議論し共同して何かを行いながら答えを見つけようとする社会である。社会のこれからの姿を模索する実験場という意味でも，地域づくりの現場に，おおいに注目したい。

　こうした農村をめぐる問題意識を踏まえた上で，農村に関わる研究者や研究が，どう貢献できるか，どう貢献してきたかを整理し，本書の立ち位置を述べたい。

　農村研究者としての本分は，農村において，表面的にはよくわからないこと，現象の裏側で動いていることを，科学的，客観的に明

らかにすることである。端的に言えば「農村で一体何が起きているのか」を明らかにすることである。しかし，研究者には，農村で起きていること，体験したことを伝える，つまり，農村の素晴らしさ，自然，人情について純粋に感じたことを伝えるという，作家や写真家，ジャーナリストとも共通する役割があると考える。長時間，長期間に渡る丹念なフィールドワークは，研究で論証できる範囲を超えて農村のある側面を切り取り伝える力を持つと思うからである。

　筆者の属する建築計画学の分野では，これまで，農村を形づくる空間構成原理の分析，文化的視点からとらえた景観の構成要素に関する書籍などがいくつか著されている（日本建築学会編：図説集落，都市文化社，1989；日本建築学会編：集住の知恵，技報堂出版，2005など）。これらは，農村の美しさや魅力，その内発力を再評価しようとするものである。しかし，農村の荒廃に着目し，空間管理の視点から，地域の再生を論じた書籍は見られない。雑駁であるが関連分野を概観すると，社会学の分野では，フィールドワークによるインタビュー調査や文献調査を中心とした定性的分析が行われ，農村における共同性や人と人との関係の本質に迫ろうとする研究が多く見られる。また，農業経済学の分野では，統計データなど客観的データによる定量的分析が行われ，主に産業としての農業の効率性，採算性に焦点を合わせる研究が多く見られる。近年，地域活性化や地域づくり活動を評価しようとする研究が農業土木学，農業経済学をはじめ，さまざまな分野で見られるが，「地域活性化」とは何か，その成功とは何かについては見解が定まらず，もしくは厳密な定義を行わずに議論が進められ，地域づくり理論と言えるものは未だ共有されていない。

　それに対して本書は，丹念なフィールドワークによるインタビュー調査を中心としながら，空間計画学の視点を持ち，作業量や土地利用，空き家になってからの年数など客観的データを採取・分析し，農村で起きている現象をつまびらかにしようとするものである。ただし，社会現象をとらえるためには，客観的データだけでは

はしがき

その複雑性を見落としてしまう。場合によっては本質から乖離してしまう可能性もある。そこで，社会科学の手法等を援用しながら，課題の設定からデータの解釈に至るまで，インタビューで得られた口述記録もできるだけ使用する。

　さらに本書では，農村の荒廃を「過疎化や経済活動の停滞の結果である」と抽象的にとらえるのではなく，具体的で細かな作業の単位に分解し，また土地がどのような状態にあるのか，たとえば，草が生えている，産業廃棄物が置かれているなどからとらえる。さらに，荒廃し，高齢化する農村の「持続性」に着目している。つまり屋敷地，農地，畦道，水路等の農村空間を支える維持管理の仕組みの持続性に焦点を合わせる。くどくなるが，「維持する仕組みの維持」が，現代の農村においては重要なのである。本書ではこうした視点から，農村空間の利用と管理，その主体である農家の事情を分析し，農村の日常生活や生産の現場で何が起きているかを解明し，地域づくり活動，特にグリーンツーリズムによる問題の解決の可能性について論じている。

　以下では，本書の視点と概要について紹介しておきたい。まず，1章では「管理」という概念を学術的に定義し，論じる。農村空間は本来，伝統的な生産や生活と密接に結びついた空間である。たとえば，草刈りは刈った草を肥料や家畜の餌にするための行為であり，美しく草が刈られた川べりは，生産や生活の必然の結果でもあった。そのため，「管理」という概念はそぐわない，空間は利用されるものであると位置づけられてきた。しかし，農業の衰退や高齢化，耕作放棄地の増加を考慮すれば，農村空間を「管理」するという視点が重要であると考える。

　管理は一般的には「マネジメント」の側面からとらえられる。マネジメントは仕組みやシステムを整えるという意味で，計画学の分野では物事を考える際に非常に重要な概念である。しかし，本書では，実際に空間を成立させる「メンテナンス」（＝作業）という側面

から管理をとらえ，研究を進めた。というのは，いくら良い仕組みをつくったとしても，実際に作業（＝メンテナンス）が行われなければ，空間の管理は不可能となるからである。

　具体的に言えば，まず，空間の利用と管理を通じて農村でのかつての暮らしを検証し，その現代的な意味を論じ，次に，農村地域の荒廃の状況を，その要因を含め概観する。さらに，空間の荒廃について作業頻度の指標を用いて検討し，どのような場所が荒れ，どのような属性の農家がどのような作業を怠っているのかを明らかにする。地域における農地ハザードマップの作成は，農地の持続性を検討する方法として提案できる。最後に，空き家の管理など地域外の管理者の果たす役割を分析し，Uターン，Iターン者による管理の可能性と課題を整理し，関連する施策に資する提言を行う。

　次に2章では，これまで明らかにされてこなかった都市近郊農村の土地の粗放化問題を，産業廃棄物の投棄，資材置き場や事業所などに着目し，土地利用規制との関連を分析しながら明らかにする。具体的には，土地の粗放化の実態を，位置，種類，量，土地の所有者・管理者の側面から明らかにし，地域外の建設事業者と，地域内の自営業者の問題を指摘している。さらに，これまでマスコミ等により，主に大規模な違法，もしくは合法な処分場について中山間地域の産廃問題が取り上げられてきたが，それに対し，小規模な違法処分場が首都圏の近郊農村で広く分散的に見られることを問題提起し，現在の土地利用の問題や法規制上の課題を明らかにする。最後に，こうした都市近郊農村集落の居住者の職業を分析し，職業の都市化と産廃問題との関連を考察する。以上は，近年，「外部不経済」として論じられる土地利用（空き家，空き地，産廃・残土置き場，資材置き場等）の解決に向けた政策検討の際の，基礎資料となるものである。

　3章では，人と人とのつきあい（コミュニケーション）に焦点を合わせる。昨今，人と人とのつきあいの希薄化が農村地域でも相当に進行している。つきあいや余暇の面では都市近郊農村地域が都市化

しつつあることを，都市地域，中山間地域との比較から定量的に明らかにし，その構造的な要因を定性的に示す．同時に農村住民の余暇の地域外化や広域化という，現代の余暇と農村空間とのミスマッチの問題も指摘する．こうした成果は，地域づくり活動への参加問題や将来的な孤立死の予防などの福祉施策に資する基礎資料と位置づけうるものである．

4章では，1〜3章をまとめ，総合考察を行い，いくつかの提言を試みる．その上で空間管理を実際に担っていく仕組みとしてグリーンツーリズムを取り上げる．事例分析を通じて，その可能性と限界について論じ，さらには，グリーンツーリズムを含めた地域づくりによる農山村地域の再生について論じる．具体的には，住民の参加状況から，そのあり方に関する提言を行い，グリーンツーリズムが空間管理に果たす役割とその可能性を，共同空間管理，農地管理の視点から論じる．

最後に**補章**を設け，地域づくりを持続させていくにあたり，課題や留意点を，主に主体形成，地域資源の利用と管理，来訪客，自治体等外部組織の果たす役割という視点から取りまとめ，今後の農村空間の持続に資する地域づくりのあり方について論じ，本書を閉じる．

なお，各章各節における調査対象地の選定理由については，当該箇所それぞれにおいて簡単な説明を加えている．ただし，農村計画学では，調査対象地の選定理由については説明が求められるものの，厳密な客観的手続きによって調査対象地を絞り込んでいくことは求められていない．それは，地域により空間や社会の独自性が大きく，たとえば，単純に地形や集落規模などで容易には比較できない，もしくは比較するべきではないとの考えがあるためである．

また，調査対象地名について，当該地域で地域代表者等に公表する許可を得られなかった場合には，本文中ではX集落，KM集落などと表記した．

調査対象地については，特に記述がない場合には，一つの自治会から成る場合を「集落」と呼称し（基本的には大字を対象としている），複数の自治会から成る場合を「地区」と呼称する（基本的には旧村を対象としている）。

　本書では，基本的に地域を単位とし，その環境の向上をねらいとし，住民が自主的に行う活動を「地域づくり」と表記している。ただし，調査対象地域に関わる記述では，現地での住民による呼び方（「まちづくり」，「むらづくり」など）を使用している。

目　次

はしがき　*i*

1章　中山間地域の荒廃─────────────────── *1*
　1節　荒廃する農村と空間管理　*1*
　2節　荒廃する土地の空間的特徴と農家の特徴　*26*
　3節　過疎化と転出世帯による空き家・農地の管理　*46*

2章　都市近郊地域の荒廃─────────────────── *71*
　1節　都市近郊地域の管理放棄と都市的土地利用　*71*
　2節　都市近郊地域の就業構造　*106*

3章　農山村地域の余暇活動，つきあいの変化──────── *123*

4章　地域空間管理の再生へ向けて───────────── *163*
　1節　前章までの総合考察と提言　*163*
　2節　グリーンツーリズムによる空間管理　*172*

補章　地域づくりと地域の再生を目指して────────── *191*
　　　－地域づくりの現場から学ぶ－

あとがき　*213*

初出論文　*215*

図表一覧　*219*

1章　中山間地域の荒廃

　章のはじめに

　本章では，主に，中山間地域の荒廃の実態を空間管理の視点から見ることを目的とする。

　1節において，近代化以前の農村の暮らし，空間管理がどのように変化し，荒廃がどのように進んでいるかを，調査時点（1997年に一次調査，2000年に追加調査）と1955年との比較から明らかにし，空間管理の範域の縮小過程を整理する。

　2節において，調査時点における農家による空間管理の実態を，畑作集落，水稲作集落を対象として作業頻度やその立地的特徴から分析し，その属性的特徴（誰が荒らすのか），空間的特徴（どこが荒れるのか）を示す。

　1節では，1955年からの空間的な管理範域の撤退を，2節では，主に集落に在住する農家が所有する農地，屋敷地の空間管理を分析するが，3節では，集落からの住民の転出と，転出世帯が所有する農地，空き家の空間管理を分析する。

1章1節　荒廃する農村と空間管理

　まずはじめに空間管理の概念や意義について整理する。

　近年，農山村地域では，農業の衰退が進み，担い手が不足し，農村空間の荒廃が目立つところが増加している。こうした問題は，現在，全国的にさまざまな地域で散見されるが，特に，農業条件の良

くない中山間地域に顕著に見られる。具体的には，全国の耕作放棄地は，2010年時点で，36万9000haに上り，2000年時点から2倍以上に増えている。これは，日本の全農地の約11％にも上る[注1]。

同時に，中山間地域においては，1960年から1980年までの20年間に1712集落が消滅しており[注2]，「今後，消滅する可能性が高い集落」が2796集落，うち「10年以内に消滅する可能性の高い集落」は454集落と見積もられている[注3]。また，消滅には至らないまでも，高齢化による人口の自然減，そして農業の衰退と担い手不足から，多くの集落において集落域の管理範囲が縮小しており，生活環境，生産環境の悪化が指摘される。

こうした背景を持つ過疎化現象について簡単に振り返っておきたい。まず，①高度経済成長期以前の農村人口が一定であった時期，②高度経済成長期の，挙家離村，出稼ぎという言葉に表されるような社会減（大規模な人口流出）の時期，③その後の低成長時代における工場誘致，地方都市定住が部分的には実現した過疎沈静期，④1980年代から始まる，農産物の輸入自由化，減反などを契機とした農業衰退による離農や耕作放棄，高齢化による自然減といった言葉に表される「新過疎」の時期，に分けることができる[注4]。

高度経済成長期から「新過疎」後に至るまでの農山村の諸相を空間管理という視点から見ることも本章の目的である。ただし，「新過疎」と言われて30年あまりが経ち，この間，空き家，集落消滅等の研究は進んだが，その後の状況を踏まえて過疎問題を俯瞰するような体系的研究は見られない。これは，筆者の調査経験から見ても，「新過疎」で指摘された過疎の特徴がそのまま継続していることも一つの要因であると考える。

過疎化が進む集落が増加する一方，近年では，都市農村交流，グリーンツーリズム，エコミュージアム，里山管理といった農村地域の新たな位置づけによる地域再生の動きが，一部の地域で生まれている。こうした動きに対して，計画的課題を抽出し，地域再生のための研究を進めることはもちろん重要である。しかし，地域再生に

関わるコミュニティの意志や体力が十分ではない地域では，高齢化・自然減による過疎化に対して，集落居住地の撤退までを視野に入れた計画手法が求められていると筆者は考える。こうした集落居住地の撤退についても視野に入れつつ議論を進めたい。

新過疎以後の諸相について，1章3節において，集落居住者の転出と空き家や農地の管理を分析する。過疎の解決策については4章にて述べるが，空間管理の社会的背景にはこうした過疎化現象があることをまず確認したい。

これらを踏まえ，空間管理をさらに具体的に見ていくと，兼業化の進行や高齢化に伴い，農地だけでなく農地や屋敷地の周辺空間についても，これまでは，集落の共同作業や個人の生活の中で管理されていたものが，現在では，管理の質が低下し，荒廃が進行していることがわかる。

これは，都市空間とは異なり，農村空間は二次的自然地が多く，植物の栽培，除去という人の手が入らないと空間そのものが変容（耕作放棄地，植生の変わった里山林等）してしまう，という事情による。

つまり，農村空間の管理を維持してきた仕組みの持続性が危機に瀕しているのである。この仕組みとは何なのか。本書では，「ある土地を，その土地たらしめ，土地を支える力とは，空間の持つ機能の維持あるいは変容をコントロールする管理活動である。これは日常的で未分化な住民の生産，生活行為であり，住民の内発力である」ととらえる。

つまり，農村空間において，どの場所を，どう使うために，どう管理するべきなのか。そのことを検討するために，実際の土地の使われ方と管理状況によって空間をとらえる必要がある。現在の集落域の粗放化という状況を正確にとらえるため，たとえば，農地，林地などといった一般的な「土地利用」による見方に加えて，土地が管理状況によって現在どのような状態にあるのかという，「土地利用・管理」という，いわばミクロ的土地利用からの見方が必要となる。なお本書では，「当該空間から生産・生活活動に資する積極的

1章 中山間地域の荒廃

利益・利便を得る行為」を「利用」,「当該空間の空間機能を維持し,あるいは空間機能の変容をコントロールする行為」を「管理」ととらえる。これに従えば,生産空間においては「利用」と「管理」は一致する。

別の言い方をすれば,農業が元気なうちは,農業生産活動や住民の生活活動に伴い当たり前のように管理が行われていた。したがって,わざわざ,農作業等を管理ととらえる必要もなかった。管理の概念が重要になってきたのは,あるいは空間管理を本書が取り上げるのは,農業が衰退し,国土保全,ツーリズムなど,空間の管理を行う新しい目的が必要となってきたからである。

1-1-1 調査方法と調査対象地の概要

調査対象地として,兵庫県旧養父町(現養父市)の奥米地集落(以下,奥米地),唐川集落(以下,唐川)を対象集落として設定する(図1-1-1,図1-1-2)。

文献調査により,地域づくりで空間管理を主たる活動とする集落およびこれを支援する自治体を探し,旧養父町の奥米地集落を抽出した。こうした集落,自治体では空間管理への意識が高く,調査協力が容易に得られ,また今後の空間管理のあり方を考察する上で多くのヒントが得られると考えたからである。

旧養父町(現養父市)は,但馬地域の山間部に位置し,過疎地域に指定され,中山間地域の空間管理を見るには適切な地域であると考えた。旧養父町の調査協力が得られたので,調査対象地として,地域づくりで近年,空間管理に注力する奥米地集落,対照的に,自治体の端部で谷の最奥部に位置し,在住世帯が10戸を下回る唐川集落を選定した。[注5]

1997年に一次調査を行い,2000年に追加調査を行った[注6]。奥米地集落では,世帯数53戸(221人),高齢化率22%,農地面積14.5ha,耕作放棄地率2.2%,唐川集落では,世帯数9戸(31人),高齢化率54.2%,農地面積2.6ha,耕作放棄地率54.2%である。

1節　荒廃する農村と空間管理

図1-1-1　養父市の位置

　本節では1955年から調査時点まで，空間管理の状況の変遷を見ることを目的とする。[注7]

　調査方法としては，60歳以上で1955年当時から農家であった方に対するヒアリング調査（奥米地14戸，唐川7戸），および土地利用調査を行う。なお，以下では，生産空間とこれを支える周辺の空間との関係に注目し，便宜的に生産空間を「核空間」，周辺の空間を「核空間」の機能維持に関わる「周縁空間」ととらえ，分析を行う。[注8]

　まず1955年当時から現在までの社会資本整備による空間の全体的な変容について見ると，主要道の拡幅，小規模な自治体施行の圃場整備［奥米地］，畦道の主要道化［奥米地］，一部の宅地・水田における交流施設の建設［奥米地］が行われた。両集落とも社会資本整備による空間構造の劇的な変化は認められない。

1章　中山間地域の荒廃

図1-1-2　旧養父町内における調査対象集落の位置

　次に用途別空間類型について1955年からの管理変化をまとめたものを表1-1-1［奥米地］，表1-1-2［唐川］に示す。
　また奥米地における土地利用の変化を図1-1-3，図1-1-4に，唐川における土地利用の変化を図1-1-5，図1-1-6に示す。さらに，管理目的の変化を図1-1-7に，空間管理区分のモデルを図1-1-8に示す。
　管理作業全般を概観すると，1955年と比べ，現在では，集落域全体の管理作業の種類数は概ね減少している（表1-1-1，表1-1-2）。また1955年において，奥米地の各農家の年間農業労働時間数に占める「草刈り」年間労働時間数の割合は，牛の頭数や耕作面積にもよるものの，概ね3割から5割に上る（データ割愛）。さらに現在の機械化された農作業体系においても，耕作地周縁での草刈り機

1節　荒廃する農村と空間管理

表1-1-1　奥米地集落における空間管理の変遷

空間大分類	空間小分類	土地利用変化	管理状況の変化 (1955年の作業：調査時点)	管理主体の変化 (1955年時：現在)
生活空間	家屋	＊	清掃，庭の掃除・草刈り	所有者：＊
	植栽	＊	栽培：＊	所有者：＊
	野菜畑	＊	耕作：＊	所有者：＊
生産空間	水田	一部転作，宅地	耕作：＊	所有者：＊
	クワ畑	野菜畑，栗畑，荒れ地，宅地	耕作：―	所有者：―
	野菜畑	一部宅地	耕作：＊	所有者：＊
	山田	過半が荒れ地，野菜畑，栗畑，人工林	耕作：＊（5筆残存）	所有者：＊
	山畑（桑園）	荒れ地，雑木林，野菜畑，栗畑，人工林	耕作：―	所有者：―
	山畑（野菜畑）	一部荒れ地，雑木林，栗畑，人工林	耕作：＊（一部低下）	所有者：＊
	雑木林	一部人工林	伐採：管理せず	所有者および集落当年立木被貸付者：―
	人工林（私有）	＊	伐採，草刈り，枝打ち，間伐，除伐：ほぼ管理せず	所有者および被貸付者：―
	人工林（集落有）	＊	伐採，草刈り，枝打ち，間伐，除伐：低下（ほぼ管理せず）	集落の日役（年2-10日程度）：集落日役，一部造林公社
	採草地	人工林，雑木林	草刈り：―	集落全戸：―
	開墾地	同上	耕作：―	同上
周縁部	水田・畑・山田・山畑の畦・斜面・わち	一部荒れ地，雑木林	草刈り：低下	隣接耕作地所有者（斜面については下方耕作地所有者）：＊
共同空間	住宅周りの小道	＊	草刈り，雪かき，小補修：低下	隣接宅地所有者：＊
				隣保日役（年2日）：―
	地蔵	＊	掃除：＊	有志
	神社	＊	掃除：＊	集落当番（隣保ごとの持ち回り年1回の交代）月1日：＊
	主要道	＊	草刈り：低下	集落日役（年2日）：―
				婦人会（年1日）：＊
				当時なし：老人会（年1日）
				当時なし：自治体
				隣接核空間所有者：＊
			補修：アスファルト化	集落日役（年2日）：―
	橋	＊	架け替え：コンクリート化	集落日役（年2日）：―
	主要河川	＊	草刈り：低下	隣接核空間所有者：＊
				当時なし：集落日役（年2日）
	農道	＊	草刈り：低下	隣接核空間所有者：＊ 受益者日役（年1，2日）：―
			補修：アスファルト化	受益者日役（年1，2日）：―
	水路	＊	泥さらえ，補修：コンクリート化	受益者日役（年1日）：―
			井堰の造成：＊	受益者日役（年2日）：―
				当時なし：受益者の一部
			草刈り：低下	受益者日役（年3日）：― 隣接生産空間所有者：＊
	沢	＊	草刈り：低下（一部管理せず）	隣接生産空間所有者：＊
	山道	＊	小規模な補修・枝払い，草刈り：管理せず（一部管理低下）	受益者：― 一部受益者日役（年1日）：一部造林公社

凡例：　＊：変化せず
　　　　―：該当なし

1章 中山間地域の荒廃

表1-1-2 唐川集落における空間管理の変遷

空間大分類	空間小分類	土地利用変化	管理状況の変化 (1955年の作業：調査時点)	管理主体の変化 (1955年時：現在)
生活空間	家屋	＊	清掃、庭の掃除、草刈り：＊	所有者：＊
	植栽	＊	栽培：＊	所有者：＊
	自家菜園	＊	耕作：＊	所有者：＊
生産空間	水田	一部荒れ地，雑木林，人工林，野菜畑，宅地	耕作：＊	所有者：＊
	クワ畑	野菜畑・栗畑・荒れ地・雑木林・人工林，宅地	耕作：―	所有者：―
	野菜畑	一部栗畑・荒れ地・雑木林・宅地	耕作：＊（一部低下）	所有者：＊
	山田	荒れ地，雑木林，人工林	耕作：―	所有者：―
	山畑（桑園）	同上	耕作：―	自治会による被割当者：―
	山畑（野菜畑）	同上	耕作：―	所有者：―
	雑木林	一部人工林	伐採：管理せず	所有者および集落当年立木被貸付者：―
	人工林（私有）	＊	伐採、下草刈り、枝打ち、間伐、除伐：管理せず	所有者：＊
	人工林（集落有林）	＊	伐採、下草刈り、枝打ち、間伐、除伐：管理せず（一部低下）	集落日役（年4、5回）：―，一部造林公社
	採草地	人工林か雑木林	草刈り：―	集落全戸：―
	開墾地	同上	耕作：―	同上
周縁部	水田・畑・山田・山畑の畦・斜面・わち	一部荒れ地，雑木林	草刈り：低下	隣接耕作地所有者（斜面については下方隣接耕作地所有者）：―
共同空間	住宅周りの小道	＊	草刈り、小補修、雪かき：低下	隣接宅地所有者：＊
	地蔵	＊	掃除：＊	有志：＊
	神社	＊	掃除：＊	婦人会（年1、2日）：＊ 集落日役（3年に1回輪番月1日）：＊
	主要道	＊	補修：アスファルト化	集落日役（年1、2日）：―
			草刈り：低下	集落日役（年1-3日）：― 当時なし：自治体
	橋	＊	架け替え：コンクリート化	隣接核空間所有者：＊ 集落日役（年1、2日）：―
	主要河川	＊	草刈り：管理せず	隣接核空間所有者：―
	農道	一部荒れ地，雑木林	草刈り、補修：低下	隣接核空間所有者：＊
	水路	同上	草刈り、泥さらえ、補修：低下	隣接核空間所有者：＊
			井堰の造成：＊	受益者：＊
	沢	＊	草刈り：管理せず	隣接核空間所有者：―
	山道（共有採草地まで）	＊	草刈り、枝払い、小規模な補修：管理せず	受益者日役：―
	山道（主要道から峠道まで）	＊	同上	集落日役（年1日）：―
	山道（上記以外）	＊	同上	受益者：一部造林公社

凡例： ＊：変化せず
　　　 ―：該当なし

1節　荒廃する農村と空間管理

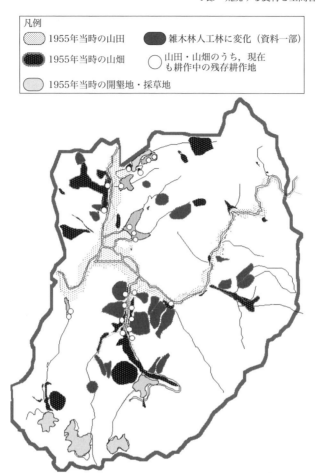

図1-1-3　山地における土地利用の変化（奥米地）

1章　中山間地域の荒廃

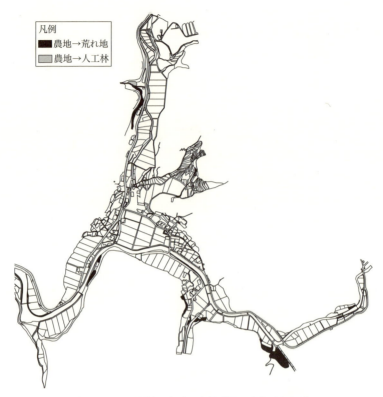

図1-1-4　平地における土地利用の変化（奥米地）

の使用は重労働であり，また屋敷地および自給野菜畑の手作業による「草刈り」は長時間で負担感が大きい。また，農村空間の管理は，今も昔も，耕作作業，草刈り作業という植物の管理作業（栽培や除去）が主たるものである。

1-1-2　土地利用と管理状況の変遷
(1) 1955年における土地利用の概要
(i)　生産空間

両集落において，耕作地は平地から集落境である稜線直下の沢の合流部まで広がる。具体的には，平地では宅地に近接して野菜畑お

1節　荒廃する農村と空間管理

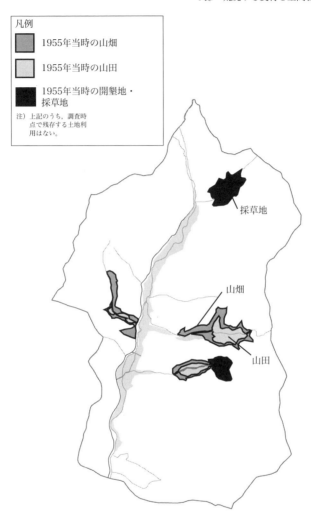

図1-1-5　山地における土地利用の変化（唐川）

1章　中山間地域の荒廃

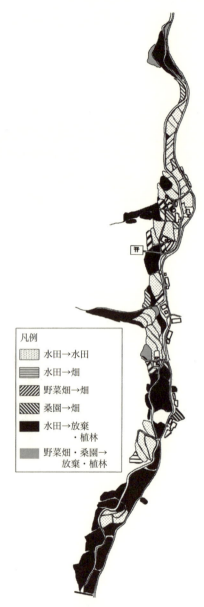

図1-1-6　平地における土地利用の変化（唐川）

凡例
- 水田→水田
- 水田→畑
- 野菜畑→畑
- 桑園→畑
- 水田→放棄・植林
- 野菜畑・桑園→放棄・植林

よび桑園が，その他の平地には水田が広がる。また山田が平地に隣接する狭小な谷口に広がり，平地の山裾や平地から奥に入った谷沿いに，桑園，野菜畑が広がる。さらに奥の沢が合流する比較的開けた山麓緩斜面を中心とした部分には，山焼きによる採草地や開墾地（山焼きによる）[注9]がある。集落内の山林は雑木林が中心であったが，1950年代から，国の拡大造林政策[注10]により，徐々に人工林が増えていく。

(ii)　周縁空間

両集落において，平地には信仰，祭礼のための神社，地蔵，通行のための住宅周りの小道，農道，主要道，橋，水田への用排水路，主要河川，沢，水田，桑園，野菜畑の周縁部（畦，耕作地間斜面，わち）[注11][注12]があり，山地には山田，桑園，野菜畑周縁部，農道，山道，沢がある。

(2)　土地利用と管理状況の変化

(i)　生産空間

①採草地，開墾地全域

両集落において，採草地，開墾地の全域において管理が放棄され，荒れ地・雑木林へと変化するか，あるいは植林による人工林へと変化している。

採草地については，耕耘機の普及により牛耕をやめたこと，輸入飼料による牛の飼育法の変化，化学肥料の普及による草肥農法の衰退（1960〜1970），開墾地については獣害の多発（1960〜1970）が，管理目的の変化（管理状況が変化した理由でもある）として挙げられる。

②山田・山畑

山田，山畑は，奥米地の一定部分と唐川の全域において，管理が放棄され，荒れ地，雑木林へと変化するか，あるいは植林により人工林へと変化している。

奥米地において，山田，山畑のうち耕作地として残存するものは，主として平地に隣接する部分（谷底低地と山麓緩斜面の境界），もしくは軽トラックが進入可能な農道に隣接する部分である。しかしこれらのうち，桑園のすべて，および山田の多くは，作目変更によって自給野菜畑，栗畑，休耕地へと変化している。同時に，残存する山

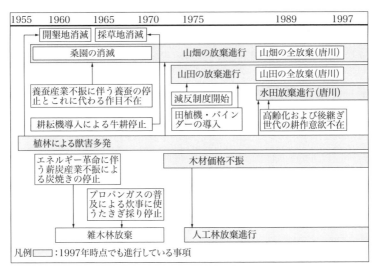

図1-1-7　管理目的の変化と管理状況変化

田・山畑の多くで，管理の質の低下が見られる。

山田については，耕耘機に続き，田植機，バインダー等農業機械が広く普及し，農業機械を搬入するという点では平地の水田に比べて農業条件が不利になったこと，減反制度の実施により農業条件の悪い減反割当地としての選好がなされたこと（1970〜1975），桑園の管理放棄と作目変更については，養蚕業の衰退とこれに代わる作目の不在（1960〜1970）が管理目的の変化として挙げられる。

③山林

両集落で，雑木林の管理放棄や，人工林での管理の質の低下もしくは管理放棄が見られる（例：造林公社に管理委託された集落有林，私有林における，下草刈り，枝払い，間伐，除伐作業の停止や不十分な作業頻度）。また一部の雑木林では植林によって人工林へと変化している。

雑木林については，エネルギー革命による薪炭産業の不振，プロパンガスの普及による炊事用・風呂用燃料としての需要の減少（1960〜1970），人工林については，外国産材の輸入に伴う国内材木市場の下落に加え，山林の集団化が進まず付加価値の高い林業産地にならなかったこと（1970〜1975）が管理目的の変化として挙げられる。

④水田・畑

奥米地では，水田，畑について管理の質の低下はあまり見られなかったが，宅地に近接する桑園は野菜畑へ，水田は減反政策により牧草地，自給野菜畑，休耕地へと変化している（主として圃場整備が未整備な箇所で見られる）。

唐川では，平地であっても，多くの水田・畑で管理放棄が進み，荒れ地・雑木林へ，もしくは植林による人工林へと変化している。残存する水田・畑は主として宅地に近接する部分に見られるが，こうした部分以外では管理の質の低下が見られる。さらに畑（野菜畑・桑園）や水田の一部は，野菜畑・栗畑，休耕地へと変化している。

両集落において，桑園は，管理放棄されるか作目変更されて残存

せず，また一部の水田・畑（桑園・野菜畑）が，家屋や作業小屋の新設によって宅地へと変化している。

農地全般の放棄や作目変更について，1)獣害の継続的多発，2)新しい栽培作目がなかったこと，3)高齢化および後継ぎ世代の耕作意欲が低いこと，4)農業機械の大型化，乗用化に伴う農業条件格差の再拡大（1975～），が管理目的の変化として挙げられる。

特に奥米地においては，山田の放棄，作目変更に伴って，中心集落周辺で新たに水田を購入，賃借する農家が多数見られる。したがって奥米地における水稲作に関しては，耕作意欲の減少よりは農業条件格差が，管理状況の変化の主たる要因と言える。

(ii) 周縁空間

基本的に，生産空間が管理放棄された周縁部は管理放棄されている。次に，関連する生産空間の大部分が放棄された道路（草刈り，補修，枝払い），水路（草刈り，泥さらえ，枝払い），沢，河川（草刈り，井堰管理，枝払い）でも管理放棄され，荒れ地，雑木林へと変化している。また，同様に，休耕地，水田，牧草地，野菜畑，栗畑の周縁部（特に「わち」）においても管理放棄が見られる。また，管理の質が低下している耕作地の周縁部のほとんどにおいても，管理放棄が見られる。こうした周縁部の放棄された耕作地は，主として奥米地の山麓線に隣接する部分，両集落の耕作放棄地の隣接部に見られる。

さらに，奥米地の山田，山畑の周縁部，唐川の水田，畑の周縁部では，管理の質の低下が見られ，雑草が足首からひざ上程度まで繁茂している。

加えて，生産空間が管理放棄されていない場合も，総じて周縁空間の管理の質の低下は見られる。たとえば，耕作地の周縁部，主要道，主要河川，沢，農道，水路の草刈り，住宅周り小道の小補修，草刈り，雪かきなどにおいてである。

周縁空間の管理目的は，宅地・耕作地の機能保全（害虫発生の防止，通行確保，日照確保，水利）であるが，関連する生産空間を管理する価

1章　中山間地域の荒廃

値が低下するに伴い（現象としては，生産空間の放棄や管理の質の低下），同管理目的も変化する（管理する価値が低下する）。

さらに，周縁空間の草刈りについては，1955年当時の牛の餌・肥料用の草取り，という管理目的が，耕耘機導入による牛耕の停止，飼料の輸入による牛の飼育法の変化，化学肥料の導入により消滅したため，管理目的そのものが消滅した。

同時に，主要河川では牛が放牧されることにより摂食と踏みつけが行われ，畦道等においては牛の歩行に伴う踏みつけが行われ，牛の飼育により，草の生育が抑制されていた。

また調査時点でも奥米地においては，繁殖牛の飼育が行われており飼料用の牧草の需要があるため，減反割当地が牧草地として維持されている。つまり，牛の飼育は1955年から現在に至るまで空間管理の役割を果たしている。

家畜の飼育の，こうした役割に注目した取り組みも，近年，見られるようになった。たとえば「山口型放牧」[注13]は，耕作放棄地の管理を主たる目的として牛の放牧を行う取り組みである。

周縁空間管理のうち，神社の清掃，地蔵の清掃，水路の井堰造成[注14]では，管理状況に変化が見られない。

周縁空間のうち，路面がアスファルトとなった主要道，農道の補修，コンクリート製となった橋の架け替え，コンクリート製となっ

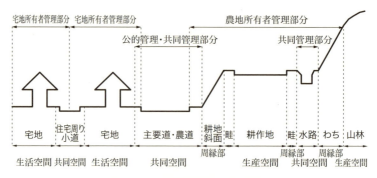

図1-1-8　空間管理区分の断面概念図

た水路の補修は，空間が近代化されたことで，利用目的が変わらないまま定期的な管理作業の省力化が行われ，日常的な管理は不要となった。ただし，自治体等による定期的な補修や長期的な架け替え等の必要性は残る。

(3) 管理主体の変化
(i) 生産空間
　両集落において，生産空間のうち，1955年当時，共同空間で共同管理が行われていたのは，集落所有林（人工林）の集落出役による共同作業だけである。現在，主要な部分は，造林公社へ分収林として管理委託されている。奥米地においては，残った集落所有林について，管理作業が生産を目的とせず，技術の継承を目的として年1回行われている程度で，両集落とも管理はほとんど行われない。
　また，共同空間である集落所有の雑木林，採草地，開墾地においても，1955年当時，個人管理が見られたが，現在存続しているものは皆無である。[注15]

(ii) 周縁空間
　両集落において，周縁空間の管理は，共同管理と個人管理により行われる。
　奥米地において，共同管理は，1955年には住宅周りの小道，神社，主要道，橋，農道，水路，山道で行われるが，現在では神社，主要道のみである。住宅回りの小道，農道，水路において，1955年には共同管理と個人管理が両方見られたが，現在は個人管理のみである。さらに，主要道については，県と町に移管され，自治体による管理となった。一方，老人会による主要道の路肩の草刈り，補修，集落出役による主要河川の草刈りが，新たに，都市農村交流に関わる美化活動として始められた。管理作業の種類数で見ると，1955年当時は13種であったが，現在も存続している作業は3種，新規の取り組みは2種である。

17

1章　中山間地域の荒廃

　唐川において，1955年に共同管理が行われていたのは，地蔵，神社，主要道，橋，山道であったが，現在存続しているのは，地蔵，神社のみである。主要道については，奥米地と同様，自治体による管理へと変化した。管理作業の種類数で見ると，1955年当時は8種と，奥米地の13種に比べて少ない。これは，奥米地に比べて唐川は，谷が狭いため，各戸の宅地，所有地が概ね谷に沿って縦に並ぶ独立した形態であり，共同で管理する空間の種類や面積が少ないことに起因する。また現在も存続している作業は2種に過ぎない。

　両集落において，個人管理は1955年当時，個人の専有空間である水田，山田，畑，山畑の周縁部に見られ，現在も存続する。また1955年当時，個人管理は，共同空間である住宅周りの小道，地蔵，主要道，主要河川，農道，水路，沢，山道で行われていた。このうち，山道以外は調査時点でも個人管理が存続していた。すなわち，1955年から現在に至るまで，周縁空間である共同空間の管理は，共同管理に加えて，関連する生産空間管理者による個人管理により行われている。

1-1-3　小括

　生産空間と周縁空間の管理状況の組み合わせから空間管理を類型化し，図1-1-9に，またこの空間管理類型の集落内分布を図1-1-10に整理し，得られた知見を以下にまとめる。

(1)　生産空間と周縁空間の関係

　生産空間の管理が変化していなくても，周縁空間では，管理の放棄か，管理の質の低下が見られる。こうした周縁空間は，隣接する生産空間が放棄された箇所に多く見られる。

　また，周縁部は生産空間の放棄により管理放棄される。加えて，共同空間（農道，水路）に関しても，関連する生産空間が管理放棄され，共同管理，自治体等による公的管理が不在の場合は，管理放棄される。

1節　荒廃する農村と空間管理

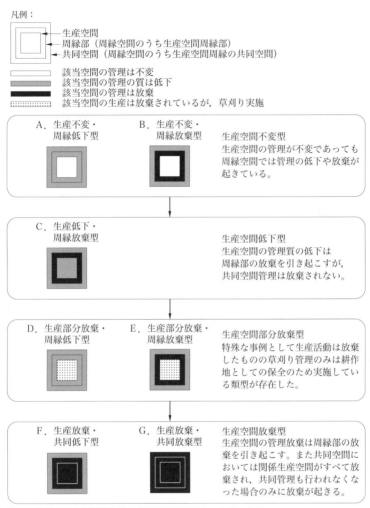

注1：作目変更した農地は作目変更後同種農地との比較による。
注2：例外事項として，周縁空間のうち，主要河川・沢（唐川）での管理放棄型，コンクリート化された橋・道路での管理不必要型については生産空間の管理状況とは関係が見られなかったので割愛した。また共同空間で不変のものは神社・地蔵の清掃，水路の井堰造成と特殊な事例に留まったので割愛した。

図1-1-9　空間管理類型と管理放棄の段階性

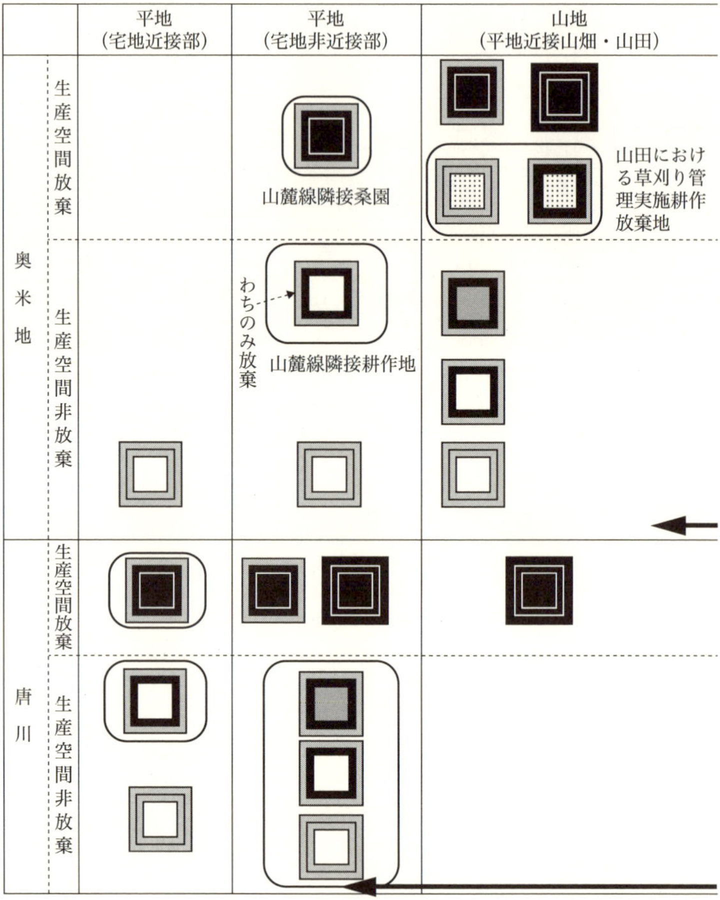

1章　中山間地域の荒廃

		平地 (宅地近接部)	平地 (宅地非近接部)	山地 (平地近接山畑・山田)
奥米地	生産空間放棄		山麓線隣接桑園	山田における草刈り管理実施耕作放棄地
	生産空間非放棄		わちのみ放棄　山麓線隣接耕作地	
唐川	生産空間放棄			
	生産空間非放棄			

注：凡例は図1-1-9と同じ。

図1-1-10　空間管理類型の

1節　荒廃する農村と空間管理

凡例　◯：該当空間管理類型はごく一部存在

山地 （平地非近接部山畑）	山地 （開墾地）	山地山林部
▣　▣	▣	▣
▣ ▢ ▢ 主として車道隣接耕作地	管理放棄範囲拡大の進捗	▣ 造林公社へ委託された集落有林
▣	▣	▣
	管理放棄範囲拡大の進捗	▣ 造林公社へ委託された集落有林

集落内分布と管理目的の変化

1章 中山間地域の荒廃

　さらに，主要河川の管理放棄については，管理目的の変化に加え，河川整備により川底が深くなり作業負担が増大したことも，一つの要因である。

　最後に周縁空間の管理の質の低下，放棄は，1)関連する生産空間の放棄に伴い，通行確保，日照，通風，病害虫対策等の，耕作地保全機能という管理目的の消滅，およびこれらに代わる他の目的の不在，2)牛の餌・肥料としての草刈りという管理目的の消失に起因する。特に牛の飼育は，1955年当時，餌の採取としての草刈り，牛自身による摂食と踏みつけ，調査時点において，減反割当地の転作牧草地需要を創出しており，空間管理に一定の役割を果たしている。

(2) 集落域全体の管理状況

　若干の例外はあるものの，生産空間の管理放棄は，開墾地，山畑，平地に近接する山畑，山麓線に近接する平地の耕作地，平地の宅地に近接しない耕作地，平地の宅地に近接する耕作地へ，山地から平地へ，平地では山麓線から宅地周縁へと管理範囲の縮小が進む。つまり，かつて住民が居住域を中心として徐々に同心円状に山林部へ，その生産活動域を広げていったのと逆の過程をたどり，同心円状に管理の範囲が縮小する。調査時点で，奥米地では概ね，平地に近接する山地の耕作地まで，唐川では宅地に近接しない平地の耕作地まで，管理範囲が縮小している。

　また，耕作放棄への過渡的段階に位置づけられる耕作地の管理の質の低下と周縁部の管理放棄は，主として耕作放棄地と耕作地の混在する領域に発生し，奥米地では主として平地に近接する山地，唐川では宅地に近接しない平地，つまり管理範囲の外延部が，管理放棄の現在進行領域である。

(3) 管理主体

　調査時点で行われている共同管理の件数は，奥米地，唐川とも1955年当時の半数以下に減り，共同管理は衰退している。それに

1節　荒廃する農村と空間管理

加えて共同空間の管理は，宅地・耕作地の保全という管理目的から，1955年から調査時に至るまで，関係する生産空間の所有者による個人管理によって行われていた。共同空間における共同管理の衰退は，共同体の意志でなく個人の事情や判断が管理状況に反映される。また個人管理による関係生産空間の放棄が，共同空間の管理放棄の要因となることがわかる。コンクリート化，アスファルト化を伴う共同空間の公的管理の始まり（道路，橋）は，住民の管理負担を減らした。一方，管理する必要がなくなったことで，共同性が衰退する要因ともなった。

注釈
注1）　文献1）による。
注2）　文献2）による。
注3）　文献3）による。
注4）　文献4）による。
注5）　町内の主要な業務商業集積地である国道9号線までの時間距離（車）は，奥米地が20分，唐川が30分と，兼業先への通勤条件は比較的恵まれており，人口減少は調査時点では沈静化していた。
注6）　1997年に得られたデータを更新する目的で2000年に追加調査を行ったが，基本的な状況は変わっていないことがわかった。本論では，特に断りがない限り，「調査時点」とは1997年時点を示す。
注7）　現在との比較年を1955年とした理由は，この時期が，調査対象地の農林業・生活が近代化し，農村空間の管理が劇的に変化（山林放棄や牛耕停止による草刈り作業の衰退）する高度経済成長直前の，農村における生産・生活が環境と共生するかたちで行われていた最後の時期であることによる。
注8）　生活空間（居住空間）の管理に関しては，管理の手法等は変わっても，空間の機能や管理の程度は住環境の機能を満たすという点においては，変わっておらず，したがって土地利用，管理状況，管理目的，管理主体とも変化は見られない。そこで生産空間およびその関連空間を中心に分析を進める。また後述の空間管理類型の項においては，周縁空間を核空間（生産空間）の周縁部と共同空間に分けて分析を行う。
注9）　奥米地では，戦時中，戦後の食料難の時代に雑穀類「芋，豆類」

の生産のために共有林内に共同で焼畑を作った。集落内に3カ所，10町歩程度の規模であった。割当地は特に決まっておらず，集落各戸が自由に耕作する権利があったが，1960年頃獣害のため放棄し，植林し山林に戻してしまった。

注10) 戦後復興期の木材需要を受けて，天然林を経済性の高い針葉樹の人工林へと樹種転換する政策を「拡大造林」と言う。

注11) 1955年当時から，平地における宅地・耕作地周縁部以外，山地における山田周縁部（沢）以外の主要河川・沢の管理はほとんど行われていない。したがって本編で「沢」・「主要河川」と言えば，平地における宅地・耕作地周縁部の沢・主要河川，山地における山田周縁部の沢を意味する。

注12) 「わち」とはこの地域に伝わる伝統的な呼称であり，山林に隣接する耕作地の日照を確保するために，耕作地隣接部における山林部の木を除去し，耕作地所有者が草刈り作業を行う斜面を指す。

注13) 山口型放牧とは，山口県が中心となって展開する事業で，牛を休耕地に放牧して，雑草を食べさせることで，農地の管理を行うものである。近年では，UR（都市再生機構）が，集合住宅団地等の空き地にヤギを放す事業を始め，こうした手法が注目されている。

注14) 本対象地では，1955年当時は井堰を枯れ枝，落ち葉等により造成していた。現在ではコンクリート製土台の上に，ビニールシートを用いて造成している。どちらの場合にも，台風等によって流されてしまうため，管理の継続が必要となっている。

注15) 1955年当時から現在に至るまで，すべての私有の生産空間は個人が管理している。つまり，「手間かえ」や「結い」など労働力の交換は，生産空間に関しては見られない。

参考文献

1) 農林水産省ホームページ：2010年世界農林業センサスより（2014.10最終閲覧）
2) 国土庁地方振興局：過疎地域等における集落再編成の新たなあり方に関する調査，国土庁，2000
3) 総務省：過疎地域等における集落の状況に関する現況把握調査，総務省，2011
4) 齋藤雪彦：中山間地域における集落域の空間管理に関する研究，千葉大学自然科学研究科学位論文，pp. 14-17, 2000
5) 熊谷宏：農業の資源利用と保全，農業と経済，57(4), pp. 60-68,

1991
6) 霍理恵子：ムラを支える諸要因の分析，村落社会研究，26, pp. 151-185, 1990
7) 岩谷三四郎：過疎地域における農林業生産力体系，農業経済研究，57(2), pp. 94-105, 1985
8) 篠原重則：人口激減地域における集落の変貌過程，人文地理，21(5), pp. 453-480, 1969
9) 藍澤宏，有泉龍之：過疎地域における集落人口変容からみた集落類型に関する研究，農村計画学会誌，14(3), pp. 18-29, 1995
10) 富樫穎：空間計画の課題と方法，図説集落，都市文化社，p. 49, 1989
11) 大野晃：源流域山村と公的支援問題，村落社会研究，32, p. 133-171, 1996
12) 齋藤雪彦，中村攻，木下勇：中山間地域における集落域の空間管理に関する基礎的研究，農村計画学会誌，18(4), pp. 275-286, 2000

1章　中山間地域の荒廃

1章2節　荒廃する土地の空間的特徴と農家の特徴

　1節では，集落域全体について，荒廃している空間のおおまかな場所，共同管理および個人管理の行われるおおまかな場所を見ることで，集落の空間管理の概要を説明した。続く本節では，農家毎に空間管理がどのように異なるのかを，主に農地と屋敷地に着目し，管理作業の頻度により定量的に示した。また地片毎に隣接空間との関係を詳細に見ていくことで，空間の荒廃の傾向を見ることとした。

1-2-1　調査方法と調査対象地の概要
　水田と畑とでは大きく異なるため，農地空間の管理は主たる作目

図1-2-1　調査対象集落の位置

により水稲作集落，畑作集落のそれぞれを分析することとした（図1-2-1）。

畑作集落として，茨城県大子町大沢地区の一部である張山，四在家，坊敷，畑，切草を取り上げ（大沢地区は川沿いに広がり，対象地区はその中ほどにある。以下，大沢中集落と表記），水稲作集落として，旧七会村大網集落（以下，大網），旧真壁町入山尾集落（以下，入山尾）を抽出した（図1-2-2，図1-2-3，図1-2-4）。

その理由であるが，筆者の所属する研究機関からの交通アクセスを考慮して，茨城県北部の中山間地域を選定の対象とした。そのうち，海岸部にある自治体を除き，さらに20戸以下の集落も除いた（農家への悉皆調査でサンプル数が少なくなるため）。そして，1カ月間ほどの現地踏査による目視での観察調査により，比較的空間管理が行われている事例として，上記の3集落を抽出した。

調査の実施時期は1998年で，大沢中集落では，世帯数34戸（116人），高齢化率29.6％，農地面積23.4ha，耕作放棄地率40.0％，大網集落では，世帯数24戸（99人），高齢化率24％，農地面積20.9ha，耕作放棄地率19.9％，入山尾集落では世帯数29戸（136人），高齢化率19.9％，農地面積21.6ha，耕作放棄地率19.5％であった。

畑作集落では，調査時点の10年ほど前までは同一耕作地にコンニャクとコウゾを栽培する形態の農業が一般的であったが，コンニャクの市場価格下落により，コンニャク畑，コウゾ畑は，コウゾ畑，茶畑へと変化するか，担い手の高齢化により休耕地へと変化している。また自給野菜畑については10年前から概ね変化が見られない。現時点で耕作中の主な作目は，茶，コウゾ，自給用野菜である。一方，水稲作集落においては，主な作目は水稲，自給用野菜であり，10年ほど前と大きくは変わっていなかった。

調査方法として，航空写真，県土木事務所作成の道路図，自治体建設課作成の道路図，現地踏査によって土地利用現況図を作成し，調査拒否，不能農家を除く畑作集落27戸，水稲作集落39戸（大網

1章　中山間地域の荒廃

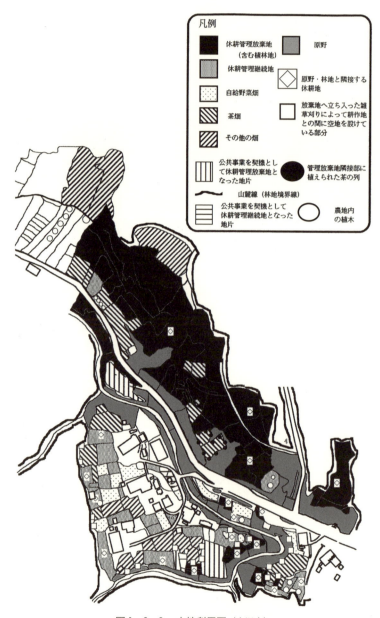

図1-2-2　土地利用図（大沢中）

2節　荒廃する土地の空間的特徴と農家の特徴

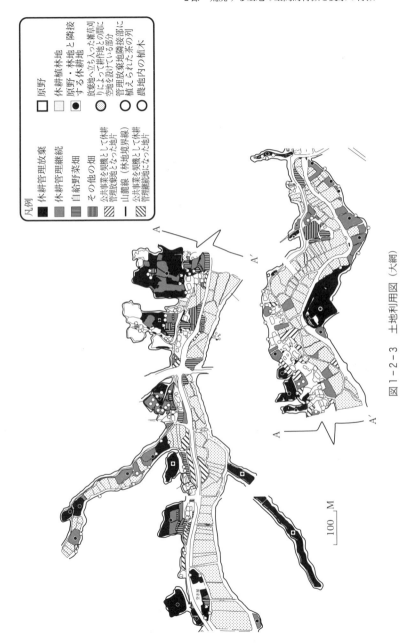

図1-2-3　土地利用図(大網)

1章　中山間地域の荒廃

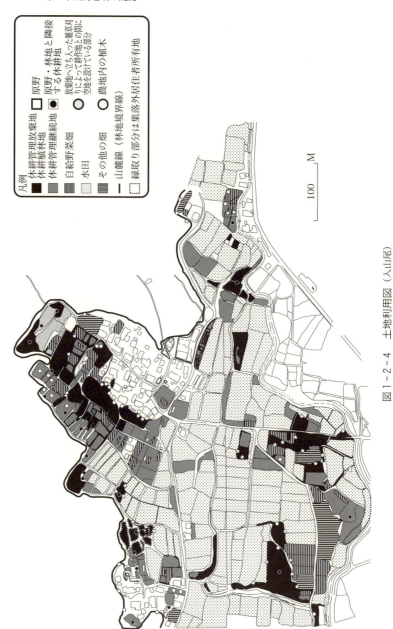

図1-2-4　土地利用図（入山尾）

17戸，入山尾22戸）への悉皆ヒアリング調査を行い，分析を行った。

1-2-2　管理作業の概略
畑作集落において，集落域で定期的に実施されている管理作業の種別を表1-2-1に整理した。[注3)]

管理する対象を基準に管理作業を見ると，鑑賞，目隠し，防風等を目的とした「植栽管理」，収穫を目的とした「作物管理」，土地利用の機能を維持することを目的とした「雑草刈り管理」，「その他の管理」（建造物，共同空間に関わる管理）に分類することができる。また宅地内では主として「植栽管理」，「雑草刈り管理」，「その他の管理」（主として建造物に関わる管理）が行われており，宅地外では主として「作物管理」，「雑草刈り管理」，「その他の管理」（主として共同空間に関わる管理）が行われている。

したがって，本節では，全農家に共通し個人による管理が実施されている庭内における「植栽管理」，「作物管理」，庭内，農地，農地周縁部における「雑草刈り管理」を中心に見る。

また，「植栽管理」，「作物管理」，「雑草刈り管理」について，家庭内での分担を見ると，危険が伴う高所での作業である植木の剪定作業，筋力を必要とする機械作業（草刈り機，耕耘機等）は，男性，または「高齢者（65歳以上）」以外の者が主として担当し，また，概ね手作業で行われ相対的に軽作業である，草刈り機以外による雑草刈り作業，剪定以外の植栽管理作業については，女性，または高齢者が主として担当する。つまり，管理作業全般の家庭内分担が明確な農家がほとんどである。こうした傾向は，兼業化が進み，生活時間が家庭内でもバラバラになったためであると考えられる。

1-2-3　管理が放棄された土地の空間的特徴
ここでは畑作集落を事例に，管理放棄地（耕作，草刈り作業が行われていない土地，元来が耕作地の場合は耕作放棄地と呼称）の空間的特徴を，現地踏査，土地利用図，ヒアリング調査から以下のように分析した。

1章 中山間地域の荒廃

表1-2-1(1) 集落域で実施されている管理作業の概略

空間類型		私有空間／共同空間の別	管理作業種類	管理作業分類	管理主体
宅地	トタン屋根	私有空間	ペンキ塗り	その他の管理	業者，個人
	瓦屋根		草引き	その他の管理	業者，個人
	茅葺き屋根		葺き替え	その他の管理	業者
	池		泥さらえ	その他の管理	個人
	高木		剪定	植栽管理	業者，個人
			消毒	植栽管理	個人
			施肥	植栽管理	個人
			枝下ろし	植栽管理	個人
	低木		剪定	植栽管理	個人
			消毒	植栽管理	個人
			施肥	植栽管理	個人
	直植え草花		施肥	植栽管理	個人
			水やり	植栽管理	個人
			間引き	植栽管理	個人
			始末	植栽管理	個人
	鉢植え		水やり	植栽管理	個人
			消毒	植栽管理	個人
			施肥	植栽管理	個人
			剪定	植栽管理	個人
			後始末	植栽管理	個人
	盆栽		水やり	植栽管理	個人
			消毒	植栽管理	個人
			施肥	植栽管理	個人
			剪定	植栽管理	個人
	庭地面		庭掃き	その他の管理	個人
			草刈り	雑草刈り管理	個人
			除草剤散布	雑草刈り管理	個人
耕作地	茶畑	私有空間	施肥	作物管理	個人
			収穫	作物管理	個人＋近隣，親戚
			剪定	作物管理	個人
			消毒	作物管理	個人
			草刈り	雑草刈り管理	個人
			除草剤	雑草刈り管理	個人
	野菜畑		耕耘	作物管理	個人
			施肥	作物管理	個人
			中耕	作物管理	個人
			敷き草	作物管理	個人
			消毒	作物管理	個人
			虫取り	作物管理	個人
			草刈り	雑草刈り管理	個人
			除草剤	雑草刈り管理	個人
	コウゾ		刈り敷き	作物管理	個人
			施肥	作物管理	個人
			めかき	作物管理	個人
			草刈り	雑草刈り管理	個人
			除草剤	雑草刈り管理	個人
休耕地	休耕管理継続地	私有空間	草刈り，除草剤	雑草刈り管理	個人
			消毒，収穫	作物管理	個人

2節　荒廃する土地の空間的特徴と農家の特徴

表1-2-1(2)　集落域で実施されている管理作業の概略

空間類型		私有空間/共同空間の別	管理作業種類	管理作業分類	管理主体
林地	人工林	共同空間・私有空間	伐採，草刈り，枝打ち，間伐，除伐	その他の管理	森林組合，個人
耕作地周縁部	畦・法面，こさば	私有空間	草刈り	雑草刈り管理	個人
			除草剤	雑草刈り管理	個人
その他の空間	住宅周りの小道	共同空間	草刈り	雑草刈り管理	受益者個人
	主要道	共同空間	草刈り	雑草刈り管理	土木事務所，老人会，隣接農地管理者
	農道	共同空間	草刈り	雑草刈り管理	隣接農地管理者
	神社	共同空間	清掃，草刈り	その他の管理,雑草刈り管理	自治会役員共同
	道祖神	共同空間	清掃，草刈り	その他の管理,雑草刈り管理	個人
	らんと（共通の先祖をまつる祠）	共同空間	清掃，草刈り	その他の管理,雑草刈り管理	関係者共同
	個人の神社	共同空間	清掃，草刈り	その他の管理,雑草刈り管理	関係者個人
	観音様	共同空間	清掃，草刈り	その他の管理,雑草刈り管理	個人，関係者共同
	権現様	共同空間	清掃，草刈り	その他の管理,雑草刈り管理	関係者当番共同
	山の神	共同空間	清掃，草刈り	その他の管理,雑草刈り管理	関係者共同
	氏神（宅地内の場合も有り）	私有空間・共同空間	清掃，草刈り	その他の管理,雑草刈り管理	個人，関係者個人
	墓	私有空間	清掃，草刈り	その他の管理,雑草刈り管理	個人
	墓道	共同空間	草刈り	雑草刈り管理	個人，共同墓地は関係者共同
	納屋周辺	私有空間	草刈り	雑草刈り管理	個人
	主要河川	共同空間	草刈り	雑草刈り管理	隣接農地管理者
			ゴミ拾い	その他の管理	自治会共同
	沢	共同空間	草刈り	雑草刈り管理	隣接農地管理者
	沢引き水取り入れ口	私有空間	ゴミ払い	その他の管理	個人
	山道	共同空間	小規模な補修・枝払い，草刈り	その他の管理,雑草刈り管理	受益者個人，受益者共同
	集会所	共同空間	清掃	その他の管理	使用者
	集会所広場	共同空間	草刈り	雑草刈り管理	老人会
	消防水利	共同空間	点検，ゴミ払い	その他の管理	消防団

1章　中山間地域の荒廃

(1) 耕作放棄地は，宅地に近接した農地においては，ほとんど見られない。これは，日照・通風障害，虫の発生による居住環境の悪化，雑草の侵入，雑草種子の飛散による庭内雑草刈り管理負担が増大するため，宅地に近接する農地の雑草刈り作業が優先的に行われ，休耕を行う場合でも管理を継続しているためである。また休耕地の拡大の過程で，肥料や機械等の運搬に便の良い宅地に近接する耕作地を優先的に残すためである。

(2) 休耕地，特に耕作放棄地は，林地，原野に隣接する傾向にある。これは草肥農法，使役家畜による耕耘の衰退に伴う採草の停止，林地管理の粗放化により，まず林地，原野から雑草刈り作業が行われなくなり，次いで隣接する耕作地で，前項と同様に，雑草の侵入，雑草種子の飛散，日照・通風障害，病害虫の発生等による管理負担が増大し，耕作放棄が誘発されるためである。そのため，休耕地，特に耕作放棄地は，林地および原野と宅地および耕作地の間に位置する。

(3) 耕作地と耕作放棄地が隣接する部分では概ね，耕作放棄地へ立ち入って雑草刈りを行い，50cmから1m程度の空き地を設け，もしくは植木や収穫を目的としない茶を列状に植えて，雑草の侵入を防いでいる。一方，管理放棄地に囲まれる部分，もしくは耕作放棄地が集中して立地する隣接部分では，こうした対応は見られない。また休耕地（耕作放棄地ではない）においては，植木を植栽して日陰を作り，雑草の繁茂を抑制している。

(4) 耕作放棄地は分散して立地せず，集中して立地する。耕作放棄地は周囲の耕作地に(1)(2)と同様に管理負担の増大を招く。したがって，ある耕作地が管理放棄されると，隣接する耕作地は管理負担が増大し管理放棄される。逆に耕作地の隣接部に耕作放棄地がなければ，周りの耕作地へ管理負担の増大という迷惑をかけ，世間体が悪くなることから，耕作を継続する。あるいは耕作をやめても雑草刈り作業は継続する。耕作放棄地は，このような仕組みで周辺へ波及するため，集中して立地することになる。

(5) 河川改修工事，道路拡幅工事等公共事業の資材置き場として一定期間貸与した結果，雑草の繁茂や土質変化が起こり，返還後にも耕作地として復旧していなかった休耕地が，工事が実施された河川，道路の隣接部に見られる。

(6) 居住者が集落外に所有する農地の多くは耕作放棄地であり，集落内農地のうち，非居住者が所有する農地の多くが耕作放棄地である。つまり，集落居住者は，集落内での世間体を優先し，集落外の農地から管理を放棄していく。

(7) 同じ農家が管理する農地（周辺部も含む）の間では，概ね，雑草刈り作業の頻度に差異は見られない。差異が見られる場合では，雑草刈り作業の頻度が高い部分は主要道隣接部，宅地近接部に見られる。また，主要道隣接部においては，人目につく場所であること，草刈り機等の運搬や耕作地へのアクセスの容易さが，その理由として挙げられる。

1-2-4 畑作集落における管理作業頻度と農家

(1) 農家の類型化

まず農家の空間管理の特徴を構造的に把握するために，農家の類型化を行い，類型毎の特徴を明らかにする。類型化の枠組みを以下に示す。

畑作集落では「一農家世帯の管理量＝単位面積あたりの管理量×管理面積」の公式が仮説として成り立つと考えた。まず耕作規模を管理面積の関数とする。次に，雑草刈り作業は，空間管理作業の中で主要な位置を占め，作目，農地・宅地にかかわらず共通して必要な作業であることから，この年間の作業頻度を，単位面積あたりの管理量の関数であるとする。したがって農家の空間管理の特徴は，耕作規模と雑草刈り作業頻度によって説明できると考え，①耕作規模，②雑草刈り作業頻度を指標とし類型化を行う。[注4)]

まず各空間における5〜9月間の平均的な雑草刈り作業頻度を，Aレベル（月1回超），Bレベル（月1回），Cレベル（月1回〜2カ月

に1回)，Dレベル（2カ月に1回未満）とした。これによると，耕作規模が大きく概ねBあるいはCレベルの農家（以下，大規模・中レベル型），耕作規模が小さく概ねAレベルの農家（以下，小規模・高レベル型），耕作規模が小さく概ねCあるいはDレベルの農家（以下，小規模・低レベル型）に分かれる。ここから農家の類型を3種に分けることができる（表1-2-2）。属性と管理作業頻度の特徴を以下に記述する。

(i) 大規模・中レベル型

耕作規模が概ね1.9反以上，特に3.5反以上では，市場に作物を出荷している。全般的な雑草刈り作業頻度は概ねB～Cレベルであり，作業頻度では，小規模・高レベル型と小規模・低レベル型の中間にある。また茶畑・農地周縁部を自給野菜畑・庭内より優先的に雑草刈り作業を行う農家が過半である（農家番号1，3，7，9，10，11）。他類型では，こうした農家はほとんど見られない。

本類型の特徴としては，恒常的に在宅する者が概ね1人もしくは2人であり，非高齢者が管理作業へ参加する傾向にある。次に，主として旧地主層であり，またかつては専業的に農林業に従事した経験があり，農業の継続，耕作規模の維持を行う理由として，農地や農業への愛着を挙げる農家が見られる。加えて耕作放棄による近所迷惑（周辺土地への管理負担の増大）を理由として，農業を継続し現在の耕作規模を維持する農家も見られる。

本類型では，こうした理由により，庭内や自給野菜畑よりは，茶畑もしくは農地周縁部の雑草刈り作業を優先的に行うものと考えられる。

(ii) 小規模・高レベル型

耕作規模は概ね1反以下である。庭内，自給野菜畑の雑草刈り作業頻度はAレベルであり，作業頻度は最も高い。また，茶畑の耕作を停止した農家が2軒あるが，茶畑もしくは農地周縁部について概

2節　荒廃する土地の空間的特徴と農家の特徴

表1-2-2　農家属性と管理作業頻度

農家番号	農家類型	農家類型化の指標					農家属性						植栽管理作業			作物管理作業			
		耕作規模	雑草刈り作業頻度													追肥有無		消毒有無	
		(反)	茶畑	農地周縁部*2	野菜畑	庭内	市場出荷	旧地主層	農林業専業の世帯主としての経験有り	園芸趣味	恒常的在宅者数(人)*3	敷地面積レベル	恒常的在宅者最高齢	植木	直植え草花	鉢植え	茶	野菜	茶	野菜
1	大規模・中レベル型	7.5					●	●	×	2	5	73	剪・消	—	施・水	●	●	●	●
2		5.5					●	●	×	2	3	70	剪	—	施・水	●	●	●	●
3		5.5					●	●	×	2	1	73	剪	—	施・水・消	×	×	×	×
4		5					●	●	×	1	4	60	剪・消	施	施・水	●	●	●	●
5		5					●	●	×	2	5	79	剪	—	水	●	●	●	●
6		4.1					●	●	×	2	4	71	剪	施	施・水	●	●	●	●
7		3.8					●	×	×	0	2	—	剪	施	施・水	●	●	●	●
8		3.5					●	×	×	1	2	62	剪	—	施・水	●	●	●	●
9		2.4					×	●	×	2	2	73	剪	—	施・水	●	●	●	●
10		2.3					●	●	×	1.5	2	72	剪	—	施・水・消	●	●	●	●
11		1.9					●	●	×	1	7	70	剪	—	施・水	●	●	●	●
12	小規模・高レベル型	1	—				×	●	×	2	4	70	剪・施	施	施	なし	●	なし	×
13		1					●	●	×	2	1	75	剪	水	施・水	●	●	●	●
17		0.7					×	●	×	1.5	0	76	剪	—	施・水	●	●	●	●
19		0.6					×	●	×	1.5	0	73	剪・施・水	施・水	施・水	●	●	●	●
21		0.5					×	●	×	1	1	73	剪	水	施・水	●	●	●	●
23*		0.4					×	×	×	2	0	68	剪・施・消	—	施・水・消	●	●	●	●
25		0.3	1				×	×	×	2	0	74	剪	—	なし	なし	●	なし	×
14	小規模・低レベル型	1					×	●	×	1	2	58	剪・施・消	施	施	×	●	●	●
15		0.9					×	●	×	0	1	—	剪	—	—	×	×	×	×
16		0.8					×	●	×	1	2	78	剪	—	施・水	●	●	●	●
18		0.7					×	●	×	0	0	—	剪・施	施・水	施・水	●	●	●	●
20		0.6					×	×	×	4	1	79	剪	—	なし	×	●	×	●
22		0.5	—				×	×	×	0	4	—	剪	—	施・水	なし	×	なし	×
24		0.4					×	×	×	1	4	72	剪	—	なし	×	×	×	×
26		0.3		—			×	×	×	0	3	—	剪・消	水	施・水	×	なし	●	なし
27		0.2					●	×	×	1	2	77	剪	—	施・水	●	●	●	●

■ Aレベル：月1回を超える
◢ Bレベル：月1回
⋮ Cレベル：2月に1回以上月1回未満
▨ Dレベル：2月に1回未満

剪：剪定　消：消毒　施：施肥　水：水やり
□ 植木剪定以外に作業実施せず
■ 植木剪定以外に2種類以上の植栽管理の分類で作業実施

＊1：庭面積，コンクリート敷設により露出地面が狭小なため，庭面の管理の必要性が低いことから庭面CレベルをAレベルとする。
＊2：農地周縁部に差違が見られる場合は平均を取った。
＊3：管理作業に全く参加しない者は恒常的在宅者から除外する。また勤務日が週3日以下の者を0.5人とする。

ねAレベルもしくはCレベルであり,作業頻度は他類型より高い。つまり,庭内,自給野菜畑の管理を中心としながら,全般的な作業頻度も他類型より高い。

　本類型の特徴として,恒常的に在宅する者が1人もしくは2人であり,高齢者を中心とする管理が行われている。また主として旧地主層ではなく,専業的に農林業に従事した農家もほとんど見られない。つまり,世帯主について見ると,かつては恒常的な勤務の傍ら農作業を行い,現時点では勤務を退職し,年金を受給しながら農作業を日常的に行っていた。そのため,退職前と比べ労働力に余裕ができ,楽しみ,健康のため,あるいは年金生活での家計対策として,農業を継続している農家が多く見られる。

(iii) 小規模・低レベル型

　耕作規模は,小規模・高レベル型と同様に,概ね1反以下である。全般的な雑草刈り作業頻度は,園芸が趣味という農家2軒(庭内はAレベル)を除き,概ねC〜Dレベルで最も低い。また耕作地より庭内を優先的に管理する農家が過半を占める。

　本類型の特徴としては,恒常的に在宅する者がいないか,いても1人であり,最も労働力が小さいことが挙げられる。恒常的に在宅する管理者の最高年齢を見ると,75歳を超える者がいる農家が,本類型では5軒中3軒であるが,小規模・高レベル型では7軒中1軒,大規模・中レベル型では10軒中1軒であり,高齢化が最も進んでいる。さらに高齢者が管理作業に携わる農家では,高齢者の体力低下から,非高齢者の管理作業への参加が最も多く見られる。

　他類型においては,経済的な実利を得るため(市場出荷用,自給用ともに),庭に優先して耕作地を管理する。一方,本類型においては,耕作地を管理する余裕がなく,「将来的に耕作地から荒らす意向」,恒常的な在宅者の不在もしくは高齢化による体力低下により,庭の美観を守るのが限度であることから,雑草刈り作業において,農地より庭内を優先して管理する農家が過半を占める。

(2) 農家類型とその他の管理作業頻度

　まず，小規模・高レベル型では，庭内の植栽管理作業が概ね2種以上であり，小規模・低レベル型では，植栽管理作業（剪定を除く）が全く行われない農家が多く，庭内の雑草刈り管理と植栽管理には相関がある。

　次に，茶畑の追肥作業を行わない農家は，主として小規模・低レベル型であり，自給野菜畑の追肥作業を行わない農家は，主として大規模・中レベル型である。また，茶畑の農薬による消毒作業を行う農家は，主として大規模・中レベル型であり，自給野菜畑の消毒作業を行わない農家は，主として小規模・高および低レベル型である。これは，大規模・中レベル型では管理面積が大きく，消毒作業を行わずに，手間のかかる虫取りを行うことが難しいためである。また小規模・高および低レベル型では，耕作規模が小さく，また自給用が主で農薬の安全面を意識するためである。

　また，大規模・中レベル型では，除草剤が複数の空間で使用されている。小規模・高レベル型では，すべての農家で草刈り機を使用しない。小規模・低レベル型および大規模・中レベル型では，ほとんどの農家で草刈り機を使用する。大規模・中レベル型では管理面積が大きく，管理負担を減らすためである。小規模・低レベル型では，非高齢者が休日に管理作業を行うため，概ね草刈り機を使用する。小規模・高レベル型では，草が一定程度伸びて，草刈機が使えるようになる前に，手作業で草を刈ってしまう。

　以上より，大規模・中レベル型では，商品作物である茶畑の管理を，小規模・高レベル型では，庭，自給野菜畑の管理を優先することがわかる。小規模・低レベル型では，小規模・高レベル型のように自給野菜畑まで手が回らず庭の管理を優先するが，管理全般の質は低い。また，空間管理に関わる労働力に余裕のあるのは小規模・高レベル型，大規模・中レベル型，小規模・低レベル型の順であり，労働力の不足は作業上の工夫（管理作業の省略，除草剤，草刈り機の使用）により対応している。

1章 中山間地域の荒廃

1-2-5 水稲作集落における管理作業頻度と農家

水稲作集落では，畑作集落のように耕作規模を指標とする類型化はできない。これは水稲作が，畑作に比べて機械化が進んでおり，管理量が管理面積と比例しないためである。たとえば，田植え作業は，耕作規模が多少異なっても機械の運搬や苗の準備・運搬などの作業時間はあまり変わらず，耕作規模に主に関係する乗用田植え機による田植え作業時間の年間総労働時間に占める割合は少ない。

そこで，空間管理と農家の属性的特徴の関係を明らかにするため，水稲作集落では2集落（入山尾，大網）で事例研究を行い，両集落のヒアリング記録から管理作業頻度や属性に関する項目を抽出し，これらを変数として主成分分析を行う[注6]。その結果，両集落において，手間のかからない機械作業を中心とする水田管理全般の作業頻度の高さを表す傾向および，主として手間のかかる手作業による自給野菜畑，庭に関わる管理全般の作業頻度の高さを表す傾向から農家の属性を説明することができた（データは割愛）。以下で得られた知見を示す。立地や地形が異なる両集落で同様の結果が得られたことから，こうした類型化の手法はある程度の普遍性を持つと考えられる。

(i) 水田管理作業頻度全般が高い農家（農家番号：A2，6，8，9，Y3，4，8）では，概ね恒常的に在宅する人数，管理者数とも2人以上であり，水田の機械作業の実施者は男性で恒常的に在宅する者である。

つまり，概ね「退職した高齢夫婦2人」，「専業農家の夫婦2人」，あるいは「高齢者1人と非高齢専業主婦1人」の恒常的に在宅する者が中心となって管理作業全般を行う。また旧地主層あるいは専業的に農林業に従事した経験がある農家が多い。

(ii) 水田管理作業頻度全般が中程度の農家（農家番号：A1，3，4，5，11，12，14，Y2，5，6，7，9，10，12，13，15，17）では，概ね恒常的に在宅する人数は1人であり，管理者数は概ね2人以上である。

これらの農家の多くで，水田の機械作業実施者は男性で，恒常的に在宅する者ではない。

つまり，「高齢者1人」，もしくは「非高齢専業主婦1人」が恒常的に在宅，庭・自給野菜畑を管理し，「高齢者の子」，もしくは「専業主婦の配偶者」にあたる男性の恒常的な勤務者が，水田を管理する農家が多い。

(iii) 水田管理作業頻度全般が低い農家（農家番号：A10, 15, 16, 17, Y16, 18, 19, 20, 21, 22）では，恒常的在宅者，管理者ともに1人であるか，恒常的に在宅する者が1人に満たない。なお，Y19では，恒常的に在宅する者が高齢であり，管理作業への関与は限定されていること，またY16では，世帯主が，地元の名士であり，さまざまな役職，講師を引き受けて多忙であることが付記される。

つまり，「高齢者1人」もしくは「非高齢専業主婦1人」が，恒常的在宅者として単独で，もしくは恒常的な在宅者はなく，恒常的勤務への従事者が主として管理作業全般を行う耕作規模の小さい農家が多い。

(iv) 庭・自給野菜畑管理作業頻度全般が高い農家（農家番号：A6, 7, 9, 13, Y14）では，概ね恒常的に在宅する人数が2人である。また該当農家は，概ね，自給野菜畑に関して機械を全く使用していない。

つまり，恒常的に在宅する「退職した高齢者夫婦」，もしくは「高齢者1人と非高齢専業主婦1人」が，庭・自給野菜畑の管理を行うという農家が多い。

(v) 庭・自給野菜畑作業全般が低い農家（農家番号：A1, 5, 15, Y3, 6, 7）では，恒常的に在宅する人数が概ね1人である。恒常的に在宅する者が2人である農家Y3は専業農家であり，水稲に加えて露地野菜を大規模に出荷するため，庭・自給野菜畑管理作業をおろそかにしている事情が付記される。

また該当農家は概ね自給野菜畑に関して機械を使用している。つまり，「高齢者1人」が庭・自給野菜畑作業全般を単独で行い，さらに水田管理作業へも参加するという農家が多い。

1-2-6 小括
本節で得られた主な知見を以下に整理した。

(1) 家庭内分担

生活時間の多様化や核家族化により，農作業の役割分担を，別居家族を一部含みながらも，同居家族内で明確にする傾向が確認され，特に機械化の進む水稲作集落の方が，役割分担は固定的である。

(2) 空間的な特徴

管理放棄，休耕，管理の質の低下に関わる条件として，管理放棄地への隣接，河川・道路整備に伴う買収後の未利用，車道へ隣接していないこと（水稲作集落），区画の不整形または小さいこと（水稲作集落），集落外居住者による所有，宅地に近くないこと，が挙げられる。またこうした空間は，周辺空間へ悪影響を与えるため，集中して立地する。つまり，個別地片の管理が他地片の管理と強く密接に関連し，個別地片の管理状況は，「隣接地片の用途・管理状況」，「地片固有の土地条件」等によって説明ができる。

また，耕作放棄地と耕作地の隣接部では，空き地を設ける，植木や茶を列状に植える等の空間的対応が見られる。

(3) 畑作集落の農家属性

畑作集落では，耕作規模と雑草刈り作業頻度から，小規模・高レベル型，大規模・中レベル型，小規模・低レベル型に類型化できる。

大規模・中レベル型は，専業的農業の経験から農業，農地への愛着を持ち，あるいは農地を荒らすことによる近所迷惑への恐れや世間体から，農業を継続する。また小規模・高レベル型は，恒常的勤

務を退職して間もない高齢者およびその配偶者が管理を行うため，労働力に余裕があり，楽しみや健康のため，あるいは家計を助けるために，農業を継続している。さらに，小規模・低レベル型では，高齢者の病気や死去により恒常的に在宅する管理人数は最も少なく，恒常的な在宅者の高齢化が最も進んでおり，非高齢者の管理作業への参加が最も多く見られる。

(4) 水稲作集落の農家属性

　畑作集落においては，農家の類型化が可能であったが，水稲作集落においては，管理作業を「水田管理作業」，「自給野菜畑・庭管理作業」に分類し，作業頻度全般の高さごとの農家の特徴を説明するに留まった。またその特徴は，水田管理全般において，管理する人数，庭・自給野菜畑管理全般に関して，恒常的に在宅する人数で説明できる。つまり，恒常的に在宅する者，恒常的に在宅しない者の属性の組み合わせにより説明ができる。

(5) 商品作物管理と生活空間管理

　畑作集落においては，「耕作規模が大きく，商品作物管理に関して高い作業頻度で管理している農家」よりも，「耕作規模が小さく，退職後，老後の趣味として農地を管理している農家」の方が，雑草刈り管理全般，自給野菜畑・庭管理全般の作業頻度が高い傾向が見られたが，水田作集落においても，「水田管理全般の作業頻度に高い傾向を示す農家」が，必ずしも自給野菜畑・庭管理全般の作業頻度に高い傾向を示すとは限らない。すなわち，畑作集落と共通して，管理作業頻度の傾向は，「商品作物である水田，茶畑に関する作業頻度」と，「自給野菜畑・庭に関する作業頻度」に大きく分類して説明することができ，これを，「商品作物に関わる管理作業頻度を高く維持しようとする」商品作物管理志向，「自給野菜畑・庭に関わる管理作業頻度を高く維持しようとする」生活空間管理志向ととらえることができた。

つまり，ⅰ）畑作集落においては，商品作物管理志向の強い農家，生活空間管理志向の強い農家に明確に分類できるが，ⅱ）商品作物管理に機械を使い省力化が進む水稲作集落においては，商品作物管理志向と生活空間管理志向が同一家庭内に混在する。加えて，ⅲ）畑作，水稲作集落に共通して，高齢化が進み労働力に余裕がない農家では生活空間管理志向のみが見られる。

　最後に，高齢化の進行に伴い，管理作業頻度全般が高いタイプから低いタイプへと遷移し，商品作物管理志向がなくなり，生活空間管理志向へと収束していく可能性が指摘できる。

注釈

注1）　本書では観察調査により識別できた土地利用，管理が一体だと識別できる最小単位の一片を「地片」と表記する（本来は地理学分野の用語である）。

注2）　本書では1955年に耕作されていた地片を農地と表記し，現在も耕作中の地片を耕作地，耕作放棄され雑草刈り作業も行われなくなった地片を休耕管理放棄地，耕作放棄されたが雑草刈り作業等は継続されている地片を休耕管理継続地，後二者を併せて休耕地と表記する。さらに管理が放棄された原野，林地および休耕管理放棄地を併せて管理放棄地と表記する。

注3）　不定期に行われる作業については，管理作業頻度の概念ではとらえにくいこと，年間を通じてひんぱんに行われる作業ではなく管理作業量全体に占める割合が小さいことから，本書の分析では割愛する。

注4）　雑草刈り作業は，中山間地集落域における空間管理作業の中で主要な位置を占めること（1章1節参照），また耕作地の作目にかかわらず共通して必要とされ，宅地内においても共通して必要とされることを理由として，雑草刈り作業頻度を単位面積あたりの管理量の関数と考えた。

注5）　「本家で，かつ農地・山林を現在，過去に貸与したことがある」と回答した農家を指す。

注6）　まず，両集落に関して，ヒアリング記録から，管理作業頻度や属性に関する項目のうち，間隔尺度・比率尺度として数量化できる独立した項目を抽出し，項目毎の値を抽出する。次に，これらの項

目を変数として主成分分析を行い，孤立した分布を示す，①除草剤散布空間種類数，自給野菜畑消毒作業頻度，②水田雑草刈り作業頻度，③恒常的在宅者最高齢者年齢，④耕作地周縁部雑草刈り作業頻度を順次除外した。その後，改めて主成分分析を行い，第1主成分，第2主成分を座標として，この変数をプロットする。両集落の分析において，累積寄与率が4割を超えたため，第1主成分と第2主成分によって管理作業に関する解釈を行う。すなわち，両集落において，第1主成分は，水田に関わる「耕耘，施肥，消毒，雑草刈りの作業頻度」等の指標を主体とする。第2主成分は，自給野菜畑に関わる「中耕，施肥，雑草刈りの作業頻度」，庭に関わる「植栽管理種類数」，「雑草刈り作業頻度」等の指標を主体とする。

参考文献

1) グリーンツーリズム研究会：グリーンツーリズム，21世紀むらづくり塾，pp.1-2, 1992
2) 七戸長生，永田恵十郎編：地域資源の国民的利用，農山漁村文化協会，pp.76-124, 1988
3) 山崎寿一，重村力：中久保集落における集落域の土地利用と土地割形式，日本建築学会計画系論文報告集，443, pp.133-141, 1993
4) 尾留川正平，山本正三編著：沿岸集落の生態，二宮書店，1978
5) 宮崎猛，京都府農林水産部耕地課：京都府中山間ふるさと保全委員会・平成7年度基金活動の経過報告書（京都府内農村地域の維持管理活動の現状と評価について），京都府中山間ふるさと保全委員会事務局，1996
6) 三橋伸夫ほか6名：生活研究レポート17-1, 2－農村集落の共有財産と連帯性－，農村生活総合研究センター，1983
7) 北出俊昭：稲作における労働投入構造の変化と単収，農業および園芸，60(4), pp.507-512, 1985
8) 五十鈴川寛，小林芙美子：高齢者就労の実態と労働設計，山形県立農業試験場研究報告，20, pp.95-130, 1985
9) 齋藤雪彦，中村攻，木下勇，筒井義富，椎野亜紀夫：中山間地農村における生産，居住空間の空間管理作業に関する研究，日本建築学会計画系論文集，527, pp.155-162, 2000
10) 齋藤雪彦，中村攻，木下勇，筒井義富：中山間地域の水田作集落における生産，居住空間の空間管理作業に関する研究，日本建築学会計画系論文集，539, pp.163-170, 2001

1章　中山間地域の荒廃

1章3節　過疎化と転出世帯による空き家・農地の管理

　これまで見てきた空間管理の実態の背景には過疎化現象がある。本節では特に集落外居住者による空き家と農地の管理という視点で「新過疎」の諸相を見ていきたい。

　本章の1節，2節では，山地から平地，主要生産域から集落居住域へと向かう空間管理の同心円的撤退の様相と，集落在住農家による空間管理に関わる分析を主に行ってきたが，本節では，地域外に転出した農家による屋敷地および農地の管理に着目する。つまり，過疎化現象には，林地，農地，宅地という空間に関わる撤退と，集落外への転出という人に関わる撤退の二つの側面があると考える。たとえば，住民が撤退しても空間管理を継続する，逆に，住民が居住を継続していても空間管理の撤退が起きるというように，多様な撤退のステージがある。[注1]

　つまり本節では，中山間地域における過疎化現象を，①農家の地域外への転出状況，転出経緯，②空き家，農地の管理状況，管理主体属性の変化という視点から明らかにすることを目的とする。

1-3-1　調査方法と調査対象地の概要

　金木の既往研究[注2]をもとに，集落消滅の多い地域を研究機関の時間距離による利便性から選定し，長野県の下伊那地域とする[注3]。次に自治体要覧[注4]および総務省への電話ヒアリング調査により，2000年時点における高齢化率が40％を超え，かつ1970年から2000年までの人口減少率が30％を超えた大鹿村，旧上（かみ）村，旧南信濃村，天龍村を調査対象自治体と定めた。その後，交通状況，自治体の協力状況から大鹿村，旧上村，旧南信濃村の各自治体にヒアリング調査[注5]を行った上で，自治体内の現地踏査を行い，自治体毎に1集落ずつを選定した。調査対象集落の選定にあたっては，過疎化現象が顕著に観察できることを条件に，転出世帯が現存世帯を上回ること，集落

代表者の調査協力が得られることを条件とした。その結果，高度経済成長以前に30戸程度あり，ほとんど消滅した集落を1集落（KJ集落），半数程度に減少した集落を1集落（KM集落），60戸程度から半数程度に減少した集落を1集落（SG集落）抽出した（図1-3-1，図1-3-2，図1-3-3）。

調査の実施時期は2005～2006年である。調査時点で，SG集落では，世帯数が36戸，農地面積約8ha，KJ集落では世帯数3戸，農地面積約2ha，KM集落では，世帯数14戸，農地面積約5haである。

3集落の属するいずれの自治体も伊那谷から南アルプスに向かって続く伊那山地を越えた谷筋に位置し，遠山郷とも呼ばれる地域である。地形としては急峻な斜面が特徴的であり，過去には松茸採りに行った住民が滑落死したなどという話も聞かれる。直近の都市圏

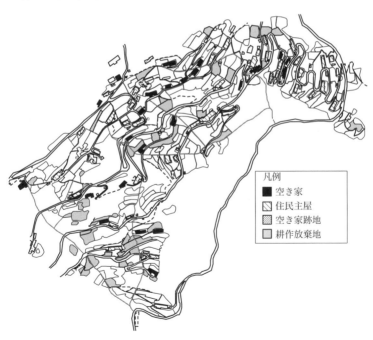

図1-3-1　SG集落の概要

1章 中山間地域の荒廃

である飯田市中心部から乗用車による時間距離は1時間強程度である。集落毎に見ると，3集落とも，同一自治体の中心集落からは自家用車による時間距離が30分程度である。またSG集落，KM集落はともに山腹斜面に位置し，KJ集落は谷底低地に位置する。さらに，主な栽培作目についてSG集落では芋であり，他の2集落では茶である。

　調査対象集落は，いずれも直近の地方都市までの時間距離が1時間半程度であり，急峻な地形による農業条件，居住条件の悪さから

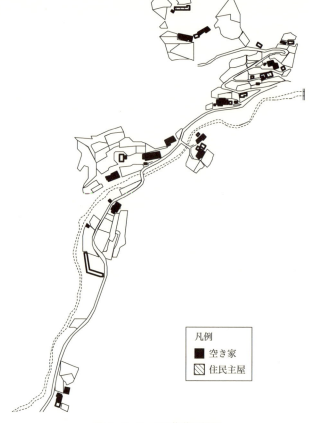

図1-3-2　KJ集落の概要

3節　過疎化と転出世帯による空き家・農地の管理

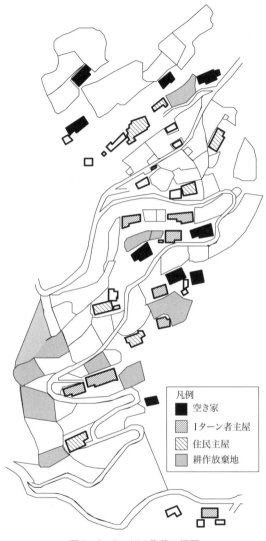

図1-3-3　KM集落の概要

1章 中山間地域の荒廃

過疎化が進行している地域である。なお，SG集落においては，地域づくり組織があり，特産品の開発，イベントの開催などを行っているが，空き家管理，農地管理に明確な影響を与えるものではない。

調査方法は，KM集落，KJ集落については悉皆ヒアリング調査を試みるが，調査拒否，不在を除き，KM集落10世帯，KJ集落3世帯，SG集落12世帯を調査できた。ヒアリングにより集落全体の過疎化状況の概要を整理したのち，転出者の属性，経緯，空き家の管理状況，農地の管理状況を分析し，最後に，3集落の比較分析を行って，過疎化現象のプロセスに関わる知見を整理する（表1-3-1，表1-3-2，表1-3-3，図1-3-4，図1-3-5，図1-3-6）。

1-3-2　過疎化現象の概観

まず，SG集落では約55年間で64世帯が36世帯となっており（減少率44%），現在居住する36世帯に対して，空き家が24世帯見られる（現存しない空き家は4世帯）。現存家屋の4割が空き家である。調査時点における年齢構成を見ると，60歳以上が77人中50人（約65%），未成年者が5人（約6%）である。高齢世帯（夫婦どちらかが60歳以上だけの世帯）を見ると，周辺集落を含めた53世帯中，実に30世帯にも上り，高齢化が進んでいることがわかる。将来，居住する世帯が激減することが，住民の調査時点の年齢構成から容易に推察できる。

KJ集落では，約40年間で30世帯が3世帯になっており（減少率90%），現在居住する3世帯に対して，空き家が17世帯見られる（現存しない空き家が10世帯）。家屋の85%が空き家である。現時点における年齢構成を見ると，60歳以上が6人中6人（100%），未成年者が0人，高齢世帯は3世帯中3世帯である。ヒアリング調査からも，子世帯が転入してくる可能性は少なく，20年程度で無住化する恐れがある。

KM集落では，約50年の間に，26世帯が14世帯に減少している（減少率46%）。調査時点で居住する14世帯に対して，10世帯が

空き家であり（現存しない空き家2世帯），現家屋の42％が空き家である。調査時点における年齢構成を見ると，60歳以上が27人中17人（約63％），未成年者が3人（約11％）である。しかし，Iターン世帯が7世帯，15人あり，これを除くと，60歳以上は12人中11人（約92％）に上り，未成年者はいない。

　つまり，約40から55年の間に，3集落とも世帯数が半分から1割へと減少し，高齢者（60歳以上）が，6割から10割にも上る顕著な過疎化，高齢化に見舞われている。KJ集落は文字通り「限界集落」であり，KM集落はIターン世帯が半数を占め戸数が維持されている。SG集落は他の2集落と比べると集落規模が大きいが高齢化率，減少率ともKM集落と同程度である。

1-3-3　空き家となった経緯

(1) SG集落

　まず，SG集落においては，28件の空き家（現存しない4件を含む）のうち，空き家となったのが5年以内である事例が5件，5年を超え10年以内である事例が10件，10年を超える事例が13件である。空き家になったのが10年以内である事例15件において，家族構成は，高齢単身世帯が11件である。さらに，空き家となった理由は，「死去」が8件，「高齢化によるけが」，「病気」が4件である。これに対して，空き家となったのが10年を超える事例13件において，家族構成は，高齢単身世帯は2件のみであり，空き家となった理由についても「仕事の利便性」，「教育上の都合」，「開拓のために移転（開拓村への移転）」，「火事による移転」等である。つまり，高齢化による単身者の離村，死去ではなく，必ずしも高齢者ばかりではない複数の世帯員が離村する事例が多い。

　また，空き家となったのが10年以内である事例では，転出先を見ると隣接自治体（飯田市，南信濃村等）は少なく，遠方への転出世帯が多いこと（転出世帯のうち隣接自治体より遠方が7件中5件）がうかがえる。空き家となって10年を超える事例において，転出理由が，

1章 中山間地域の荒廃

表1-3-1 SG集落の

整理番号	空き家となった年(年前)	空き家となる直前の家族構成	空き家となった経緯	転出先	空き家管理状況	空き家管理主体
SG1	1	祖母	死去	—	月4回	息子
SG2	1	祖母	死去	—	年4, 5回	息子
SG3	2	父母	親介護	神奈川	月1回	長男
SG4	2	祖母	高齢化・病気	駒ケ根	月4回	息子
SG5	5	祖母	死去	—	年2, 3回	息子
SG6	5〜10	祖母	死去	—	年1, 2回	息子
SG7	5〜6	祖父母	死去	—	日常管理	親戚
SG8	5〜6	祖父母	高齢化・病気	豊田	×	息子
SG9	7	祖母	死去	—	月4回	息子
SG10	7〜8	祖母	死去	—	年2回	息子
SG11	8	祖母	移転事業	集落内	×	不明
SG12	10	祖母	高齢化・病気	飯田	×	息子
SG13	10	祖母	死去	—	年2, 3回	親戚
SG14	10	祖母	高齢化・病気	豊川	×	息子
SG15	10	祖父母	仕事都合	高森	年10-15日	登山屋
SG16	15〜16	祖父母・父・母・子	教育	南信濃	日常管理	本人
SG17	17〜18	祖母	高齢化・病気	不明	×	息子
SG18	15〜20	祖父母	仕事都合	飯田	年2, 3回	本人
SG19	20	父・母・子	不明	飯田	×	本人
SG20	27	父母	仕事都合	南信濃	更地	—
SG21	30	不明	移転事業	岡崎	作業小屋	不明
SG22	30	祖父母	火事	飯島	更地	—
SG23	35	父・母・子	仕事都合	飯田	×	息子
SG24	45	父母	開拓	瀬戸	×	買上
SG25	40〜50	父・母・子2	仕事都合	飯田	建て替え	—
SG26	50	祖母	死去	—	×	息子
SG27	50	祖父母	火事	名古屋	×	登山屋
SG28	54	父・母・子4	開拓	滋賀	建て替え	—

凡例 ▢高齢者単身 ▢高齢化・病気 ▮死去 ▢管理しな
× 実施しない — 該当しない

3節　過疎化と転出世帯による空き家・農地の管理

過疎化と空間管理

空き家管理主体住所	農地管理状況	農地管理主体	農地管理主体住所	墓の有無	帰省状況	親戚付合有無
飯田	○	息子	飯田	○	月4回	○
上	草刈り	親戚	飯田	○	年4, 5回	○
飯田	○	長男	飯田	○	月1回	○
駒ヶ根	○	息子	駒ヶ根	○	月4回	○
飯田	×	息子	飯田	○	年2, 3回	○
高森	○	クラインガルテン	―	○	年2回	○
集落内	○	親戚	集落内	×	×	×
豊田	×	転出者	豊田	○	不明	○
飯田	○	親戚	作沢	○	月4回	○
東京	×	近所	集落内	○	年2回	○
不明	○	転出者	集落内	○	集落内居住	○
飯田	○	近所	集落内	○	年1, 2回	○
東京	×	親戚	東京	○	年1回	○
豊川	草刈り	近所	集落内	○	×	○
飯田	×	転出者	高森	不明	不明	不明
南信濃	○	転出者	南信濃	○	日常的	○
小牧	草刈り	近所	集落内	○	年2, 3回	○
飯田	○	転出者	飯田	○	年2, 3回	○
飯田	○	近所	集落内	○	年2回	○
不明	○	親戚	集落内	○	年2, 3回	○
不明	不明	不明	不明	不明	不明	不明
飯島	×	転出者	飯島	不明	不明	不明
飯田	○	親戚	飯田	○	年2回	○
集落内	○	近所（買上）	集落内	×	×	×
集落内	○	親戚（買上）	集落内	×	―	○
上	○	近所（買上）	集落内	×	×	○
飯田	○	親戚	集落内	○	集落内居住	○
集落内	○	近所（買上）	集落内	×	―	○

い・建て替え・更地等　　／／／県外　　　■村内

1章　中山間地域の荒廃

「開拓」,「地滑り対策による移転事業」,「火事」である場合には,隣接自治体より遠方に転出し（5件）,「仕事の都合」,「教育上の問題」である場合には,隣接自治体への転出が主である（5件）。

(2) KJ集落

まず，KJ集落においては，17件の空き家のうち（現存しない空き家の詳細は不明），空き家となったのが5年以内である事例が5件，5年を超え10年以内である事例が3件，10年を超える事例が9件である。空き家になったのが10年以内である事例8件において，

表1-3-2　KJ集落の過疎化と空間管理

整理番号	空き家となった年（年前）	空き家となる直前の家族構成	空き家となった経緯	空き家管理者住所	空き家管理主体	農地管理状況
KJ1	0	祖父母	高齢化・病気	飯田	不明	×
KJ2	0	祖父	高齢化・病気	中心集落	息子	△
KJ3	3	祖母	高齢化・病気	飯田	×	なし
KJ4	4.5	祖父	高齢化・病気	飯田	息子	△
KJ5	5	祖母	高齢化・病気	飯田	息子	△
KJ6	7	祖父	死去	不明	親戚	△
KJ7	8	祖父母	仕事都合	飯田	×	△
KJ8	10	祖母	高齢化・病気	中心集落	息子	×
KJ9	20	祖母	高齢化・病気	中心集落	工務店	×
KJ10	20	祖父母	高齢化・病気	隣接集落	×	×
KJ11	30	祖母・父・母	仕事都合	同一集落	×	△
KJ12	30	父・母・子	教育問題	中心集落	×	×
KJ13	40	祖父	死去	不明	×	×
KJ14	40	父・母・子	不明	中心集落	工務店	×
KJ15	40	不明	移転事業	村内	×	×
KJ16	40	不明	移転事業	村内	×	×
KJ17	40	不明	移転事業	村内	×	×

☐ 高齢者単身　☐ 高齢化・病気　■ 死去　× いない，実施しない
△ 草刈り程度は実施　☐ 村内

家族構成は，高齢単身世帯が6件，空き家となった理由は，「死去」が1件，「高齢化によるけが，病気」が6件である。空き家となったのが20年以内である事例10件において，家族構成は，高齢単身世帯が7件，空き家となった理由は，「死去」が1件，「高齢化によるけが，病気」が8件である。これに対して，空き家となったのが20年を超える事例7件においては，家族構成で高齢単身世帯は1件のみであり，空き家となった理由については，「仕事の都合」，「教育上の問題」，「集落移転事業」が5件，「死去」が1件である。

また，空き家となったのが10年以内の事例では，転出先について，同一自治体が2件（いずれも中心集落），隣接自治体（いずれも飯田市）が5件であり，「死去」を除く7件すべてが近隣への転出である。空き家となったのが10年を超える事例においては，転出理由が「死去」である1件を除き，いずれも同一自治体内への転出である。10年を超える事例より10年以内の事例の方が遠方への転出が多い傾向は他2集落と共通するが，当該集落では同一市町村内への転出が多い（転出世帯15件のうち10件，SG集落は19件のうち1件，KM集落は15件中2件）。

(3) KM集落

まず，KM集落において，18件のうち（現存しない空き家2件，Iターン6件を含む），空き家となったのが5年以内である事例が4件，空き家となったのが5年を超え10年以内である事例は0件，10年を超える事例が14件である。SG集落，KJ集落においては空き家の半数が空き家となって10年以内であるが，当該集落の空き家となる年代で多く見られたのは20年から30年前（7件）である。空き家になったのが10年以内である4事例において，家族構成は，高齢単身世帯が3件，空き家となった理由は「死去」1件，「高齢化によるけが，病気」が3件である。また空き家になったのが20年以内である9事例において，家族構成は，高齢単身世帯が7件，空き家となった理由は「死去」3件，「高齢化によるけが，病気」

1章　中山間地域の荒廃

表1-3-3　KM集落の過疎化と空間管理

整理番号	空き家となった年（年前）	空き家となる直前の家族構成	空き家となった経緯	空き家管理者住所	空き家管理主体	農地管理状況
KM1	3	祖父母	高齢化・病気	伊那	×	△
KM2	3	祖母	高齢化・病気	東京	息子	△
KM3	5	祖父	高齢化・病気	岡崎	息子	×
KM4	5	祖父	死去	なし	息子	×
●KM5	13	祖母	死去	なし	Iターン	△
KM6	15	祖母・父・母	高齢化・病気	飯田	集落内親戚	△
KM7	16	祖母	高齢化・病気	伊那	娘	なし
●KM8	17	祖母	死去	なし	Iターン	△
KM9	20	祖父	高齢化・病気	飯田	×	×
●KM10	23	父・母・子	仕事都合	飯田	Iターン	△
●KM11	23	父・母・子	教育・仕事	松川	Iターン	△
KM12	25	祖母・父・母	仕事都合	沢度	転居者	×
KM13	25	祖母	高齢化・病気	松川	息子	×
KM14	30	父・母・子	仕事都合	大河原	—	△
●KM15	30	祖母・母・子	仕事都合	松川	Iターン	×
●KM16	45	祖母	高齢化・病気	伊那	Iターン	×
KM17	50	家族	入植	愛知	—	なし
KM18	50	父・母・子	入植	愛知	×	なし

●空き家ではなくIターン者が居住　　高齢者単身　　死去
高齢化・病気　　村内　　県外
×いない，実施しない　△草刈り程度は実施　—取り壊し

が6件である。空き家になったのが20年を超える9事例では，家族構成は，高齢者単身世帯は2件のみであり，空き家となった理由は「仕事の都合」・「教育上の問題」（5件），「入植」（2件）が多い。

また，20年を超える9事例では，同一自治体（2件），隣接自治体（3件）への転居が多く，20年以内での転居先は，隣接市町村以遠が多く（6件），広域化しており，SG集落と共通する傾向である。

⑷ 3集落の比較

まず，SG集落においては，高齢化による空き家化が10年以内で多く，KJ集落，KM集落においては，20年以内に多い。集落規模の小さな集落（KJ，KM集落）において，高齢化による空き家化はより早い段階で起きる。しかし，KM集落では，Iターン者の居住によって，KJ集落に比べて残存する現居住者が多く（KJ集落3戸，KM集落14戸），かろうじて集落としての自治機能を保つ。

次に，KJ集落はSG，KM集落に比べて，同一自治体への転出が多い（15件中10件）。これは，KM集落のある大鹿村，SG集落のある旧上村に比して，KJ集落のある旧南信濃村の中心集落の産業基盤が大きく雇用環境が良かったためであると推察される。

また，高齢化による空き家化について，KJ，KM集落においては，高齢化によりある程度体力が低下した時点で空き家になる事例が多いが，SG集落においては，死去を理由に空き家となる事例が多い。これはSG集落の戸数が多く，ある程度体力が低下しても，隣近所のサポートが期待できるため，最後まで集落に居続けたい意志がより強く働くためである。

1-3-4　空き家および農地の管理

⑴ SG集落

まず，SG集落において，空き家の管理を行わず放棄する事例は，空き家となって10年以上の事例で多い（12件中8件）。建て替えや更地化を放棄に含めると，空き家となって10年以上の事例では，空き家の管理を行っている事例は少ない（17件中4件）。さらに8年に満たない事例10件では，9件が管理を実施している。2年以内の事例を見ると，年4，5回以上の管理が行われていることから，年数が経つと管理されず，年数が経たない場合には管理が頻繁に行われる。

次に，空き家の管理者は，ほとんどが転居世帯，子世帯であるが，40年を超える事例では集落内の親戚，近所の者が買い上げ，建て

替えを行い，現在も管理を行う事例が見られる（2件）。また，飯田市の登山店に貸す事例も2件見られる。これは農業生産に従事し，この土地で暮らすことが，また空き家と農地を買い取り，財産を増やすことが，経済的合理性を持つ時代であったことを示す。

また，空き家の管理を行う事例13件を見ると，管理主体住所は県外が2件見られるものの，概ね下伊那郡内であり，特に，同一自治体（2件）あるいは飯田市（6件）が多い。別居子世代，親戚の同一，隣接市町村への定住が一般化している。管理されていない10事例のうち県外は3事例に過ぎず，管理者居住地の当該集落からの時間距離による管理頻度の差異は見られない。

さらに，農地管理の有無を見ると，「完全に放棄」は6件に過ぎず，何らかのかたちで管理を行う。10年以内を見ると，子世帯，転出世帯，親戚が，集落外から管理のため来訪する事例が見られる（5件）。しかし，10年を超えると，集落内に居住する親戚，近隣住民が借りる，もしくは買い上げる事例が多い（農地管理実施11件中8件）。特に，当該集落において，農地管理の管理主体が近隣住民である事例が11件中5件に上る。管理しない事例は，年代による差異は見られず，5年前に空き家となった事例の管理主体の居住地が飯田市である以外は，愛知県，東京都，高森町，飯島町と，隣接市町村以遠である。以上より，隣接市町村以遠の遠方から長期間に渡る通耕が困難であり，集落内で農地を管理する傾向が見られる。また「開拓」，「地すべり対策移転事業」による挙家離村を除き，墓を移動した事例は少なく，現在も親戚つきあいをする事例がほとんどである。空き家，農地の管理を放棄または他人に委ねたのちも，墓参りや親戚つきあいは多くの事例で残る。

最後に，空き家管理と農地管理の組み合わせを見ると，いずれも管理を行わない事例は1件の例外を除き見られない。これは，空き家管理は，年月を経るほど行われなくなるが，農地管理では，むしろ20年を超える事例の方が，転出に伴い所有権の移転があるため，管理される傾向が見られる。空き家化して5年から10年の事例で

3節　過疎化と転出世帯による空き家・農地の管理

は農地管理を行わない事例が多い（農地管理を行わない事例11件中5件）。これは，特に30～50年程度前に転出している場合，農地の価値は相対的に高く，家屋とともに農地も転売した事例が多いためである。したがって，空き家管理と農地管理を管理の有無から見ると，管理の継続，停止に対して，それぞれ別の論理で判断されているこ

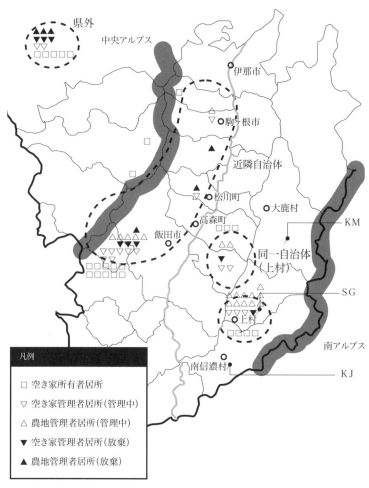

図1-3-4　SG集落の空間管理者の分布

とがわかる。つまり，空き家はなるべく遠方でも子世帯，転居世帯で維持するが，農地は，集落内の親戚や近所に委託または売買してもよいと考える。つまり転出者の農地をその後も管理しようとする集落内の近所，親戚のネットワークが健在であると言える。

(2) KJ集落

まず，KJ集落において空き家の管理を見ると，空き家となって20年を超える事例ではほとんど管理が行われていない。全体を見ても，17件のうち管理が行われているのは7件に過ぎない。

次に，空き家の管理が行われている事例において，工務店による賃貸を除き，ほとんどが集落外に住む子世帯，転居世帯の管理による。SG集落で見られた「集落内居住者による買い上げ」は見られない。空き家管理が行われる事例においては，飯田市もしくは同一自治体中心集落に居住する転出世帯，子世帯，親戚が管理を行う。KM集落に比べると，集落内に居住するIターン世帯，親戚による管理は行われず，管理が行われない事例も多い。

また，農地管理については，10年を超える事例については，1件を除き農地の管理が行われていない。事例全体を見ても，親戚，近所のネットワークが残存し，集落内で管理しているSG集落（KM集落）に比べると，その割合は低い。一方で，集落外からの通耕は多い。これは，茶畑の管理は手間がかからず，またさらに同一自治体への転出が多く通耕距離が短いことが理由である。農地の管理主体は，転居世帯，子世帯もしくは親戚であり，居住地は，飯田市，中心集落である。

空き家管理と農地管理の組み合わせを見ると，空き家管理が行われている5事例中4事例で農地管理が行われ，農地管理が行われている6事例中4事例で空き家の管理が行われている。空き家管理と農地管理が同時に行われている事例では管理者も同一で，SG集落と比べると，空き家管理と農地管理はセットで考えられていることがわかる。これは，通耕距離が短いため農地管理が容易であり，こ

3節　過疎化と転出世帯による空き家・農地の管理

図1-3-5　KJ集落の空間管理者の分布

れに付随して農機具置き場，休憩場所としても空き家の管理が行われるためである。

(3) KM集落

　KM集落における空き家管理は，Iターン世帯の入居の事例を除

1章 中山間地域の荒廃

くと,取り壊しと放棄が5件,親戚,子世帯等による管理が7件である。空き家となって20年を超える事例での放棄や取り壊しが多いが(9件中3件が放棄,取り壊し),概ね空き家の管理は行われている。

集落内居住者による管理は1件に過ぎず,集落内の親戚や近所が

図1-3-6　KM集落の空間管理者の分布

買い上げて，管理するSG集落とは異なる。SG集落では高齢化が進んではいるが，全体の戸数が多く，親戚や近所のネットワークが残存し，空き家が管理されるためである。KJ集落に比べると，Iターン者の転入が空き家の増大を抑制している（現存する空き家16件中6件がIターン入居）。また転出先を見ると，集落外居住者は，愛知県，静岡県，岡谷市，伊那市，同一市町村内が1件ずつである（データは割愛）。

　農地管理については，放棄が7件，管理が8件（うちIターンを除くと4件）で，SG集落に比べると，放棄される農地の割合が大きいが，KJ集落よりは小さい。管理されている8件のうち，集落内居住者による管理は7件，残り1件も同一自治体居住者で，集落内居住者による管理が行われている。つまり，SG，KM集落と比べて，集落外から通耕する割合は小さい。同時に，KJ集落より管理が行われる割合が大きいのは，Iターン居住者による管理が行われるためである。SG集落と同様に，集落内に農地を管理するエネルギーが残存する集落であると言える。

　空き家管理と農地管理の組み合わせを見ると，空き家管理が行われている13件のうち，農地管理が行われているのは6件，農地管理が行われている8件のうち，空き家管理が行われているのは6件である。つまり，KJ集落に比べると，空き家，農地ともに管理される事例が多いが，農地と空き家の管理はセットでは考えられていない。

(4)　3集落の比較

　空き家管理については，SG集落，KJ集落においては，空き家となって10年以上を経ると管理しない事例が多く，KM集落においては，20年以上経つと管理しない事例が多い。SG集落が最も管理されており，次いでKM集落，KJ集落の順に管理されなくなっている。管理主体を見ると，SG集落では集落内親戚，近所による買い上げ，集落外子世帯，転居世帯，KM集落ではIターン世帯によ

る買い上げ・借り上げ，集落外子世帯，転居世帯，KJ集落では，集落外子世帯，転居世帯のみ，である。管理者の居住地を見ると，SG集落，KJ集落においては下伊那郡内が多く，同一・隣接自治体への定住が一般化している。これに対してKM集落では，隣接自治体以遠が多く，他集落への広域的な転出が見られる。また管理されない空き家の転出者の居住地を見ると，当該集落との時間距離と管理頻度の相関は見られない。

　また，農地管理についても，空き家管理と同様に，SG集落が最も管理され，次いでKM集落，KJ集落の順に管理されなくなっている。管理主体を見ると，SG集落では，集落内の親戚や近所に委託，売買してもよいと考え，年代を経るにしたがい管理がおろそかになる傾向はない。つまり，10年以内であれば，集落外の転居世帯，子世帯が管理を行い，10年を超えると集落内の近所，親戚の借り上げによる管理が，30年を超える事例では集落内の近所，親戚の買い上げが多い。KM集落では，主としてIターン居住者に管理されるが，転出世帯による通耕がほとんど見られない。KJ集落においては，転出世帯のみによる管理がなされ，年代を経るほど管理されない。また，管理されている事例の管理者の居住地を見ると，SG集落においては，集落内，隣接市町村が多く，KJ集落においては，集落内はなく同一自治体，隣接自治体で，KM集落では，集落内がほとんどである。つまりSG集落においてのみ遠方からの通耕が散見される。さらに，農地管理が行われない事例では，隣接自治体以遠に管理者が居住し，年代より居住地との相関が高い。

1-3-5　小括
(1) 空き家の管理

　空き家の管理では，遠方からでも子世帯，転居世帯で維持しようとするが，年代が経つほど管理がおろそかになり（概ね空き家となって10年以内では管理が行われている），管理者の居住地より，空き家となってからの年数との相関が高い。

(2) 農地などの管理

　農地管理は空き家管理に比べると，子世帯など血縁が近い者に限定せず，集落内の親戚や近所，Ｉターン世帯に，委託・売買してもよいと考えられる。集落内に親戚や近所に引き受け手がいる場合は，引き受け手による管理が概ね継続するが，引き受け手がいない場合には，通耕の時間距離による。つまり，管理の継続は，空き家となってからの年数ではなく，管理者の居住地と集落との時間距離に相関する。さらに，墓を移動した事例は少なく，空き家や農地の管理は放棄しても，集落内のつきあいは続けていることがわかる。

(3) 管理主体のネットワーク

　集落内の多くの空き家・農地を維持管理する主体は，①集落内の親戚，近所，Ｉターン世帯，②同一市町村，隣接市町村に居住する転居世帯，子世帯，親戚，③県外など遠隔地に居住する転居世帯，子世帯，親戚，である。つまり，非血縁者を含む集落内の人的ネットワークと，血縁者を中心とした近隣地域に居住する人的ネットワークが，空き家・農地管理を支える。この時，空き家は必要な管理頻度が少なく，一方で「イエ」の存続の象徴的存在であるため，後者が主な管理者で，農地は，必要な管理頻度が高く，「イエ」との関係が家屋より希薄であるため，前者が主な管理者である。つまり，農地管理のネットワークの方が，空き家管理のネットワークよりも，その地理的範囲は狭い。

(4) Ｉターン世帯の果たす役割

　KM集落においては，Ｉターン世帯が集落の約半数を占め，空き家・農地管理，自治活動等への参加状況も遜色なく，集落維持に貢献している。もっとも，彼らが転入した当初は，旧住民からの反発などがあり，スムーズに溶け込めたわけではない。しかし，皮肉なことに，旧住民の高齢化と転出が進む中で，Ｉターン世帯なしには集落機能の維持が難しく，また10年を超えるつきあいが，旧住民

1章　中山間地域の荒廃

とIターン世帯の融和と均衡を生んでいる。

　章のまとめ
(1)　集落居住世帯による空間管理の変遷

　集落域の空間管理を歴史的に見ると，管理放棄が，同心円状に外延部から集落居住域に向かって段階的に進行していることがわかり，かつての住民が居住域から外延部に向かって生産活動域を広げたのと逆の過程をたどる。またある土地の管理は周辺の土地の管理に強く規定されている。特に共同空間については，隣接農地など関係空間の管理状況に規定されるとともに，関係空間の管理者の意志に影響される個人管理により成立している。管理放棄の要因は，多くの場合，かつて農村の生産・生活に必要不可欠であった管理目的が変化したことにある。

(2)　集落在住世帯による空間管理

　管理放棄地の空間的特徴は，管理放棄地への隣接だけでなく，河川・道路整備，車道への非隣接，区画の不整形，狭小，集落外居住者による所有，宅地からの非近接に規定される。管理を継続する理由は，「隣接農地への迷惑の恐れ」が多く挙げられ，以上より，管理放棄地は集中して立地する。

　農家には商品作物管理志向と生活空間管理志向が存在し，これらの組み合わせで，空間管理の傾向から農家の類型化を行うことができる。また，管理作業頻度が高いのは耕作規模の大きな農家とは限らず，むしろ耕作規模が小さく，必要農作業量に対して労働力の大きい農家に多い。つまり，耕作規模の大きな篤農家が端正に管理を行うというイメージは必ずしも正しくない。

　畑作集落（茶）においては，商品作物管理志向と生活管理志向は概ね相関し，耕作規模による類型化が可能である。一方，水稲作集落においては，二つの志向は独立的である。

3節　過疎化と転出世帯による空き家・農地の管理

(3) 転出世帯による空間管理

　空き家の管理は転出世帯により行われ，空き家となって10年以内は概ね管理が継続する。農地の管理は，集落内の親戚や近隣住民などにより行われる場合が多く，引き受け手がいない場合には，管理の継続は管理者居住地と集落との時間距離に相関する。

　つまり，空き家と農地の管理主体を類型化すると，①集落内の親戚，近隣住民（Ｉターン世帯を含む），②同一市町村，隣接市町村に居住する転出世帯，親戚，③県外など遠隔地に居住する転出世帯，親戚に分けることができる。

　近年，転出世帯の広域化が進むが，空き家・農地管理のために集落へひんぱんに通える範囲の近隣自治体へ転出する傾向も依然として見られる。

　Ｉターン世帯が半数を占め，加えて旧住民の高齢化が進むため，空き家，農地管理，その他の自治活動に大きな役割を果たす集落が見られる。

　加えて，空き家と農地の管理を継続することは，現在，集落に住んでいる住民の居住環境を守ることであり，さらなる過疎化を遅らせる条件でもある。

　最後に，我が国の過疎化の進む地域では，集落戸数の過半が転出してしまい，現在では，居住している家屋より空き家の方が多いという集落が存在し，住民が今もそこで生活している。かつて水田であった土地は，今では人の背丈ほどの雑草が生い茂り，道路にも雑草が繁茂しており，歩いていて気持ちの良いものではない。住民は，「田舎だから（人がいなくなるのは）しょうがない」と言いながら，自分たちの生まれ育った場所，心のよりどころ，自分たちのアイデンティティのある部分が将来消えてしまうのではないかとの不安を抱えながら暮らしている。自分たちを地域，風土の一部であると感じながら暮らしている人々にとっては，集落が消えていくことは，自分たちが消えていくことでもあるのだ。このような感覚は，居住歴が浅く，また空間変容が進んでしまった場に住む都市生活者にとっ

て，地域との関わりを考える上で示唆的である．

注釈
注1） 人的撤退だけでなく，空間的撤退も過疎の一側面であることは，1章1節より明らかである．
注2） 文献1）による．
注3） 1965年から1985年にかけて，ダム建設等の特殊要因によらない一般要因型の消滅集落が15以上のメッシュが連続して見られる地域が長野県北東部，富山県から石川県の南部，長野県南部，愛知県北西部，新潟県北西部であった．これらの地域から，筆者の所属する研究機関からの利便性を鑑み，長野県南部（下伊那郡）を調査対象地域とした．
注4） 文献2）による．
注5） 本書執筆時には上村，南信濃村は飯田市に合併されている．

参考文献
1） 金木健：消滅集落の分布について，日本建築学会計画系論文集，566, pp. 25-32, 2003
2） 市町村自治研究会編：全国市町村要覧，第一法規，2001
3） 国土庁地方振興局：過疎地域等における集落再編成の新たなあり方に関する調査，国土庁，2000
4） 岡橋秀典：西中国山地・広島県加計町における過疎化と集落システムの変動，地理学評論，68A-10, pp. 657-679, 1995
5） 坂口慶治：丹波高地東部における廃村化と耕地荒廃の過程，地理学評論，47(1), pp. 21-40, 1974
6） 篠原重則：村落の共同体的性格と離村形態，地理学評論，47(1), pp. 41-55, 1974
7） 酒井惇一：農業生産力の展開と農村人口，農業経済研究，57(2), pp. 85-93, 1985
8） 満田久義：過疎地域構造特性の計量的分析と過疎対策，農林業問題研究，12(1), pp. 18-25, 1976
9） 美崎皓：労働市場の展開と農村人口，農業経済研究，57(2), pp. 64-65, 1985
10） 中島熙八郎，佐藤隆雄，広原盛明：過疎農山村地域における地域要求及び世帯経営の型移行と地域変動の予測，日本建築学会計画系論文報告集，247, pp. 145-152, 1976

11) 中島熙八郎, 佐藤隆雄, 広原盛明：過疎農山村地域における住民の世帯経営の型構成と地域変動, 日本建築学会計画系論文報告集, 246, pp.109-116, 1976
12) 深澤大輔, 鈴木成文：豪雪地帯, 過疎山村における農家生活及び住宅改善, 日本建築学会学術講演梗概集, 50, E, pp.733-734, 1975
13) 蟹江好弘：人口減少地域における住民の定住意向に関する研究, 日本建築学会学術講演梗概集, E, pp.959-960, 1990
14) 沼野夏生：中山間地域の人口移動特性についての一考察, 日本建築学会学術講演梗概集, E-2, pp.597-598, 2000
15) 金木健, 桜井康宏：消滅集落の属性と消滅理由について, 日本建築学会計画系論文集, 602, pp.65-72, 2006
16) 細田祥子, 後藤春彦, 山崎義人：中山間地域における地域外家族による農作業の労働力の特徴と意義, 日本建築学会計画系論文集, 574, pp.69-76, 2003
17) 中島熙八郎：過疎農山村自治体における空家・空農地の調査, 処理・活用状況に関する調査研究, 日本建築学会九州支部報告, 39, pp.61-64, 2000
18) 遊佐敏彦, 後藤春彦, 鞍打大輔, 村上佳代：中山間地域における空き家およびその管理の実態に関する研究, 日本建築学会計画系論文集, 601, pp.111-118, 2006
19) 齋藤雪彦：長野県遠山地域における空き家と農地の管理実態に関する事例研究, 食と緑の科学, 62, pp.45-52, 2008

2章　都市近郊地域の荒廃

章のはじめに

1章では中山間地域の荒廃を主として取り上げたが，本章では，都市に近い農村地域，都市近郊農村地域の荒廃を取り上げる。つまり，担い手不足，営農意欲の低下による「管理放棄」（農地では耕作放棄）といった中山間地域に共通する現象だけでなく，資材置き場，産業廃棄物，残土の堆積といった「都市的利用」に着目する。これらを併せて「粗放化」[注1]ととらえ，以下の分析を行う。

1節では，まず茨城県つくば市のある集落を取り上げ，粗放化の概要を土地所有構造などから明らかにし，特に管理放棄の実態について，地目，土地所有・転用の経緯などから明らかにする。次に千葉県柏市のある集落を取り上げ，都市的利用について，利用実態，地目，土地所有・管理の経緯を明らかにする。

2節では千葉県旧大栄町（現成田市）のある集落を取り上げ，その就業構造を見た。つまり，1節において都市的利用による粗放化の要因の一つとして，住民による自営業の経営，建設業への従事が挙げられたが，粗放化のそれほど進行していない集落においても，こうした自営業や建設業が住民の間で一般化しているのではないかと考え，就業構造からその実態を明らかにすることを試みた。

2章1節　都市近郊地域の管理放棄と都市的土地利用

美しい農村空間の持続のためには，自然環境と人間の営みとが相

2章　都市近郊地域の荒廃

互に作用しながら成立，継承されてきた農的環境の価値を評価し，保全することと同時に，農的環境の価値を脅かすものを除去，管理することが必要である。特に，都市近郊農村地域では，中山間地域と同様に，高齢化や担い手不足が進行し，管理が放棄された空間（以下，管理放棄）が増大している。また，①農業が衰退し，生産機能としての価値が相対的に低下したこと，②都市地域から「農業，居住以外の土地利用のニーズ（たとえば廃棄物の処理や投棄）」があふれ出し，同地域が交通の便が良い地域であることから廃棄物の放置，事業所，資材置き場などの都市的な利用が進む（以下，都市的利用）。高度経済成長期以降，問題となってきた住宅地開発による都市化は近年，その規模や数において沈静化しているが，こうした住宅地開発を伴わない都市化が進行している。また同時に中山間地域における違法な大規模処分場が産廃問題としてマスコミを中心に取り上げられてきたが，都市近郊農村地域における小規模な産廃・残土の堆積が進行することはあまり知られていない。[注2] このことは，廃棄物処理法だけでなく，現在の土地利用規制とその運用が広範な産廃の堆積を想定していないことが大きな要因である。またこうした大規模処分場は個別の事件としての側面があるが，小規模で分散的な都市近郊地域における産廃・残土の堆積は，土地利用規制の問題としてとらえることができる。

そこで「管理放棄地」，「都市的利用地」の発生を，農業生産，住民生活の質の低下をもたらす可能性を持つ「空間管理の粗放化」（以下，こうした土地を粗放地とする）ととらえる。

つまり，農地や宅地など，従前の土地利用や地目の分類方法では不十分であり，土地がどのように利用されどのような管理状態にあるのか，いわば「土地利用・管理」，「ミクロ的土地利用」というとらえ方が必要である。[注3]

本節では一筆毎の管理状況を現地踏査により確認しながら，集落域全体における空間の利用，管理，所有から，粗放化に至る経緯を明らかにする。

1節　都市近郊地域の管理放棄と都市的土地利用

2-1-1　調査方法と調査対象地の概要

　まず，つくば市X集落を調査対象地とした経緯を述べる。筑波大学と共同でつくば市内の未利用区画の多い計画住宅地の調査を行った際，未利用区画の管理放棄が，計画住宅地周辺部の農林地の管理放棄と関連があるかどうかとの議論になった。この議論を契機とし

図2-1-1　つくば市X集落の土地利用現況図

2章　都市近郊地域の荒廃

て，未利用区画の多い計画住宅地の周辺部で管理放棄が最も多く見られたX集落を調査対象地とした。[注4)]

なお，X集落は，管理放棄地が多く見られ，急激な混住化による集落域の極端な変容が見られず，開拓集落と旧集落を含み所有構造の差異が見やすいため，調査対象地として適切であると判断した（図2-1-1）。

調査時期は2001～2002年である。X集落はつくば市の外延部に位置し，芝と水田を主な作目とする集落である。北部の松林であったところが，戦後に入植，開墾された地域であり（以下，開墾域），南部は伝統的な旧集落であった（以下，旧集落域）。この松林は，か

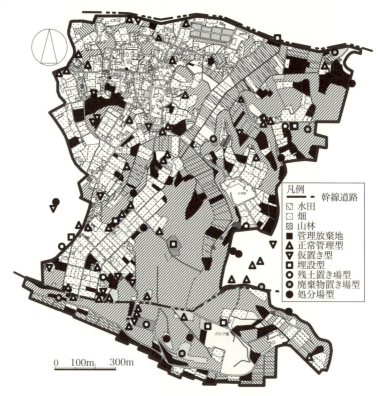

図2-1-2　柏市Y集落の土地利用現況図

つて隣接集落，旧集落によって共同の薪炭林として利用されていた。開墾域には，戦前，この松林を軍が強制的に接収し建設した飛行場があり，その土地が戦後払い下げられ，開墾者，周辺集落の住民が所有した。うち一部が後に不動産業者に転売され計画住宅地が造成された。

X集落の世帯数は95戸，農家戸数は55戸であり，市街化調整区域に位置し，つくば市中心部まで車で約30分程度の時間距離である。

次に，都市的利用の実態を見るため，産廃の不法投棄が全国的にも多く見られる千葉県に調査対象地を求め，さらに違法な産廃処分場が多数見られることを条件に，筆者の所属する大学が立地し，混住化の進行する県北西部における現地踏査を行った結果，調査協力の得られた柏市Y集落を抽出した（図2-1-2）。

調査実施時期は2003〜2004年である。2008年には経年変化を見るための追加調査を行った。Y集落は，柏市外延部に位置し，主な

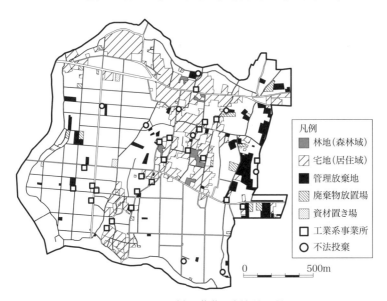

図2-1-3　つくば市A集落の土地利用現況図

2章　都市近郊地域の荒廃

作目は水稲とねぎを中心とした野菜類である。下総地域に多く見られる谷戸地形が広がり，北西部の丘陵部に集落居住域が位置しており，南部および東部の丘陵部には林地が広がる。林地と集落居住域の間の谷部において水田が広がり，丘陵部では林地を開墾した畑が広がる。世帯数は 261 戸，農家戸数は 55 戸である（農地面積約 100ha，耕作放棄地率約 0.5%）。また北部，南部，西部の市街地からそれぞれ車で 30 分以内の時間距離にあり，三方を市街地に囲まれ，X集落と同じく市街化調整区域に位置する。

調査の方法は，地片毎の観察調査，住民に対するヒアリング調査（つくば市X集落 36 世帯，柏市Y集落で 17 世帯），法務局における土地登記簿調査，自治体（主に農業委員会）に対するヒアリング調査である。

さらに，こうした粗放的な土地の広がりを面的に検証するため，

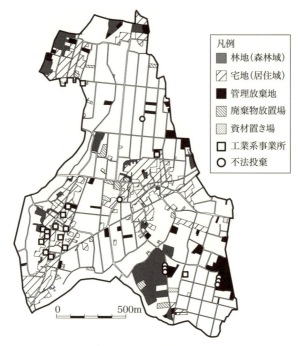

図 2-1-4　つくば市B集落の土地利用現況図

1節　都市近郊地域の管理放棄と都市的土地利用

つくば市X集落の位置する旧自治体にある残りの5集落（A～E集落）についても現地踏査により，その空間的特徴を見る（図2-1-3～図2-1-7）。調査時期は2003年である。

全国の産廃の年間不法投棄量を見ると，ピークである1999年度は全国の4割以上約18万トンを千葉県が占め，その他の1万トン

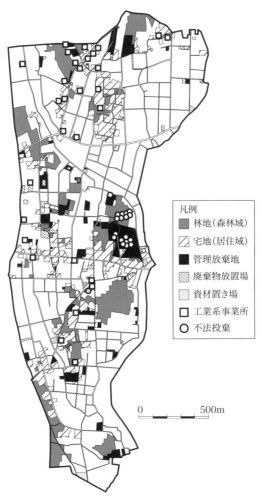

図2-1-5　つくば市C集落の土地利用現況図

2章　都市近郊地域の荒廃

図2-1-6　つくば市D集落の土地利用現況図

以上の都道府県は，北海道，青森，茨城，京都，愛媛，長崎，沖縄である。その後，2012年度には大きく減少し4000トン以上が千葉，静岡，宮崎で，3000トン以上4000トン未満が茨城，栃木，群馬である。全国的に不法投棄は沈静化してきたが，全国的にも投棄量が多い千葉県，茨城県は，事例研究の適地と考える。都市活動がさかんで産廃が多く出る首都圏の中でも，住民の反対運動のさかんな東京都，神奈川県，早くからダイオキシン問題で注目された埼玉県に比べて，対策が遅れた千葉県，茨城県に多くの産廃が流入したと推察される。[注5)]

1節　都市近郊地域の管理放棄と都市的土地利用

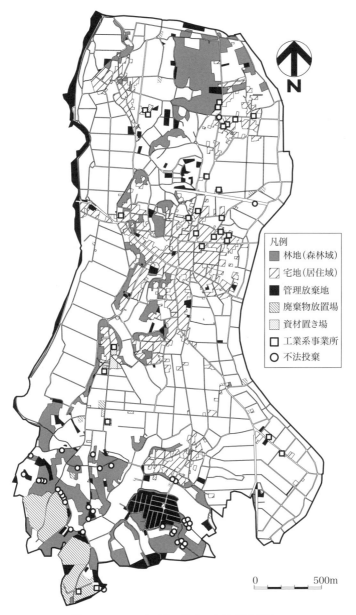

図2-1-7　つくば市E集落の土地利用現況図

2章 都市近郊地域の荒廃

2-1-2 粗放地の空間的特徴と生活への影響

(1) 粗放地の件数

つくば市X集落では，約2km^{2}の集落域に管理放棄地が約50カ所，事業所もしくは資材置き場が約30カ所，産廃・残土の堆積が約30カ所見られる[注6]。

柏市Y集落では約2km^{2}の集落域で管理放棄地が約80カ所，事業所もしくは資材置き場が約60カ所，産廃・残土の堆積が約30カ所も見られる。

また，つくば市X集落に連担し，旧自治体に属する5集落の土地利用調査を行ったところ，各集落で，それぞれの面積に差異はあるものの，管理放棄地が約40〜90カ所，事業所が約10〜30カ所，資材置き場が約5〜20カ所，産廃・残土の堆積が約20〜40カ所見られる。

ここで強調したいことは，X，Y集落を含めた7集落のすべてにおいて，少なくとも管理放棄が40カ所以上，産廃・残土の堆積が20カ所以上見られることである。

本対象地以外にも，茨城県つくば市，柏市，印西市，成田市各自治体の農村部での車による目視調査を行った。その結果，管理放棄地，資材置き場，産廃・残土の堆積，それぞれが全く見られない集落はほとんどない。管理放棄と都市的利用による粗放化が首都圏都市近郊農村地域で広がっていることが推察できる。

(2) 粗放地の空間的特徴

まず，つくば市X集落において粗放地は集落外縁部，特に開墾域に多いが，集落居住域（開墾域および旧集落域）にも見られる。次に，旧集落域と開墾域を比べると，開墾域の方が粗放地の占める面積が大きく，特に，管理放棄は，主として開墾域において見られる。都市的利用は，開墾域，旧集落域（集落居住域外延部）ともに見られるが，同じ土地での管理放棄との混在，大規模な産廃・残土の堆積は開墾域に多い。

次に，柏市Y集落において，粗放地は，林地域，特に集落外縁部の林地域に多いが，集落居住域にも見られる。林地域では，粗放地の占める面積が多く，粗放地の一団地あたりの面積も大きい。管理放棄地は谷津田の奥や林地域に小規模に開墾された畑地に多い。また都市的利用地は，集落外縁部の林地域に多いが集落居住域にも散見される。特に林地を縦貫する幹線道沿線部，集落域の北側を走る農道沿線部に，大規模な都市的利用，特に産廃・残土の堆積が多い。

つくば市X集落に隣接して連続する同一の旧自治体内にある5集落の粗放化の空間的特徴を見る。共通して言えることは，管理放棄は，林地域周辺部，集落外延部で多く，集落の一部に存在する大規模な都市的利用（特に産廃，残土置き場，処分場）は，林地域周辺部，集落外延部で多い。一方，住民によるものと見られる小規模な都市的な利用が，集落居住域に散在している。林地域周辺部での都市的利用は，樹木による周囲からの視線の遮断，売買・転用の容易さが，集落域外延部での都市的利用は，住民の生活環境への影響とこれによる苦情を行為者が忌避したいと考えるからであろう。集落居住域外延部での都市的利用は，住民の自営業や農業に伴うものが多いが，集落居住域中心部に少ないのは，やはり住民の生活環境への影響と苦情を忌避したいからだと考えられる。林地域周辺部での管理放棄は，1章で述べたように，日当たりや林地の荒廃による管理負担によるものと考えられる。同時に管理放棄地の一部では不法投棄も見られ[注7]，周囲からの視線を遮る管理放棄が不法投棄を誘発することがわかる。

(3) 生活環境への影響

ここではつくば市X集落を事例として粗放化による生活環境への影響について整理する（データは割愛）。管理放棄に関しては，不審火の不安，雑草種子の飛散による管理負担の増大，道路への雑草・雑木のはみ出しによる通行への障害，管理放棄地の所有者が不明なための道路拡幅等の事業停滞，見通しが悪いことによる不審者の出

没，等の影響が指摘される。また，管理放棄により，廃棄物の不法投棄が誘発されることで，生活環境が悪化すること，隣接する土地の管理者が当該土地の管理作業を行う負担，つまり，隣の土地が荒れれば，やむを得ず隣の草刈りをしなくてはならないこと，が指摘される。さらに，都市的利用に関しては，廃棄物の埋設による井戸水の汚染に対する不安，自営業に伴う有機溶剤等の異臭，自動車修理・解体に伴う油の流出等の影響が指摘される。粗放地と住民の生活空間との距離にもよるが，住民はある程度の生活環境への影響や不安を感じていることがわかる。

2-1-3 粗放化と土地利用・所有構造―つくば市X集落―

つくば市X集落での管理放棄地，都市的利用地の土地利用と土地所有の構造について以下で考察する。

(1) 粗放地の概要

粗放地の形態から分類を行い，所有との相関を見た。開墾域においては，山林・雑種地を中心とする外部所有による管理放棄が多い[注8]（田畑の放棄14％，山林・雑種地の放棄41％，宅地の放棄11％，合わせて66％）（表2-1-1）。旧集落域においては，当該集落所有による事業用地（11％），資材・廃棄物置き場（当該集落所有22％，隣接集落所有22％，外部所有が17％，合わせて61％）が目立つ。

(2) 粗放地と外部所有

開墾域は，旧集落域に比べ，外部所有地の割合が高く（開墾域35％，旧集落域11％），粗放地の占める割合も高い（開墾域：368筆中122筆，旧集落域：871筆中87筆）（表2-1-2）。また，外部所有地の占める割合は，粗放地において高く（開墾域：全体35％，粗放地75％，旧集落域：全体11％，粗放地33％），外部所有と粗放化の相関が指摘できる。

また，外部所有の住所を見ると，開墾域，旧集落域において，

1節　都市近郊地域の管理放棄と都市的土地利用

表2-1-1　粗放化類型と土地所有構造

区域	所有形態	粗放化類型					合計
		田畑放棄	山林・雑種放棄	宅地放棄	事業用地	資材・廃棄	
開墾域	当該集落	1	2	0	1	2	133 100%
		1%	2%	0%	1%	2%	
	隣接集落	6	5	1	7	7	
		5%	4%	1%	5%	5%	
	外部所有	19	55	15	3	10	
		14%	41%	11%	2%	8%	
旧集落域	当該集落	2	1	0	10	19	87 100%
		2%	1%	0%	11%	22%	
	隣接集落	5	0	0	2	19	
		6%	0%	0%	2%	22%	
	外部所有	0	11	0	3	15	
		0%	13%	0%	3%	17%	

注：公共所有の地片を除く

表2-1-2　土地所有の概要

	対象	当該集落	隣接集落	外部	その他	合計
開墾域	全体	107	117	130	14	368
		29%	32%	35%	4%	100%
	粗放化地片	5	24	91	2	122
		4%	20%	75%	2%	100%
旧集落域	全体	632	138	95	6	871
		73%	16%	11%	1%	100%
	粗放化地片	32	26	29	0	87
		37%	30%	33%	0%	100%

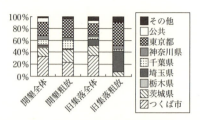

図2-1-8　外部所有者の内訳

表2-1-3　1952年における土地所有構造

現所有形態	対象地片	1952年当時の所有者			
		内部集落	隣接集落	公共	全体
全体	開墾域全体	125	230	12	367
		34%	63%	3%	100%
	開墾域粗放化	30	89	3	122
		25%	73%	2%	100%
外部所有	開墾域全体	33	96	1	130
		25%	74%	1%	100%
	開墾域粗放化	24	66	1	91
		26%	73%	1%	100%

「つくば市内所有」は3，4割程度であるが，粗放地について見ると，開墾域において「つくば市内所有」は2割程度，旧集落域においては数％に減少し，外部所有といっても，市外所有が全体として過半を占め，粗放地では8，9割に上り，粗放地は遠隔地所有が多い（図2-1-8）。

さらに開墾が始まった1952年当時の土地所有を見る（表2-1-3）。「当時の隣接集落所有」の割合は開墾域全体で63％と高かったが，現在は32％に減少している。つまり，開墾域はもともと，当該旧集落だけでなく周辺集落の薪炭林として所有されていた経緯があり，そのうち隣接集落所有から外部への売却が進行したことがわかる。つまり居住地から離れている土地であり，土地の使い勝手も良くはなく，近所の世間体を気にすることなく売却しやすい状態であった

のだ。

(3) 土地の転売と粗放化

　転売が多く行われた年を見ると（データは割愛），1973年は，都市計画法による線引きが行われた年であり，線引きによる規制を見越した駆け込みの影響が見られる。1962年から1963年については，1962年に当該集落で最大の事業所（最盛期で300人規模の従業員を雇用）である工場Yが進出したことと，1963年に「研究学園都市の建設について」の閣議了解の影響が見られる。

　転売回数を見ると，転売が3回以上行われた土地の割合は，旧集落域より開墾域，全体より粗放地で，その割合が高いことがわかる（開墾域：全体19％，粗放地42％，旧集落域：全体1％，粗放地13％）（データは割愛）。また，特に，開墾域においては，粗放地のうち実に42％は，転売が3回以上行われている。

　以上より，粗放地の一定部分は，投機的な目的による土地所有であると推察される。つまり，これらは実際に土地を利用するための購入ではないため，管理をすることへの動機が希薄である点が問題なのである。

2-1-4　管理放棄の経緯－つくば市X集落－

　前項ではつくば市X集落の粗放化の概要と土地所有構造を見たが，本項では，特に粗放化のうちでも管理放棄の過程を見る。

　所有権の移転状況と管理放棄を行った経緯から，不動産投機型，遠隔地相続型，事業用地管理低下型，農業事情変化型，公共管理低下型に分類する（表2-1-4，表2-1-5）。なお，公共管理低下型を除き，各タイプの地片は，1952年開拓当時の所有者は概ね当該集落，隣接集落の居住者である。

(1) 農業事情変化型

　耕作地として使用されていた土地が管理放棄される事例である。

2章　都市近郊地域の荒廃

表2-1-4　管理放棄に至った事情に関わる集約シートの抜粋

事例番号	粗放化地片番号（分類）	記録内容
①	k31（管理放棄・不動産投機型）	1952年当時の所有者は，大砂の人であり，畑を玉取の不動産屋に売却してしまった。その後，豊里，東京の業者に渡ったのち，取得した土浦と横浜の業者が，1973年の線引きに対する駆け込みで宅地に転用し，同時に分譲できるように区画を行い，さらにその後，1，2回の転売が行われていた。現在，管理が放棄されている当該区画に隣接する同じ経緯を持つ2地片には，新規の戸建住宅が2棟建設中であった。
②	k6（管理放棄・遠隔地相続型）	1952年当時の所有者は，吉沼の人であり，相続によって1992年に東京と千葉の親戚に相続された。相続前は陸稲を作っていたが，相続後，農地を無償で嵩上げしてあげるという約束で業者に産廃（砕石等）を捨てられ，荒らさざるをえなかった。
③	k28（管理放棄・事業用地管理低下型）	1952年当時の所有者は，吉沼の人であり，線引き前の1964年に事業用地としての使用を前提に（転用を前提に），芝畑を古河市の建設業者が取得した。以前は，社長が良く見に訪れたり，作業倉庫用のプレハブ等を建てたりしたが，現在は管理が放棄されている状態である。結局転用はされずに畑のままである。
④	s5（管理放棄・農業事情変化型）	1952年当時から，所有者は，当該集落の人であったが，担い手であった高齢夫婦が2人とも病気がちになり，また同居している長男夫婦も多忙な公務員等の仕事をしているので，荒らさざるをえなかった。
⑤	k15（管理放棄・公共管理低下型）	1952年当時から，現在に至るまで，国有地となっているが，土地改良区が管理者となっている。池の敷地という用途であるが，管理者自らが，土地改良工事の残土を置いたり，また廃車，家電製品等の不法投棄がされている管理放棄地である。

これは，市内，隣接集落居住の所有者が，高齢化等による農業事情の変化によって，遠隔地にある当該地片を管理放棄する，もしくは隣接地片が管理放棄されたことによる管理負担増大から放棄する，といった事情による。また，当該集落居住の所有者が，高齢化・病気のため，管理放棄した事例もある。

(2) 遠隔地相続型

1952年当時の当該集落居住，隣接集落居住の所有者から，外部居住の子世帯，親戚へ相続され，所有者の居住地から遠隔地であるため，管理がおろそかとなり管理放棄された事例である。

1節　都市近郊地域の管理放棄と都市的土地利用

表2-1-5(1)　管理放棄地の詳細

分類	地片番号	地目の変化	1952年の所有者	現在の所有者	放棄前土地利用	転売回数
不動産投機型	k31	畑→宅地	隣	隣	畑	7
		畑→宅地	隣	外	畑	10
		畑→宅地	隣	外	畑	5
		畑→宅地	隣	外	畑	6
	k26	畑→宅地	隣	外	畑	3
	k24	畑→宅地	隣	外	畑	4
	k46	畑→雑種	隣	外	畑	5
	k43	畑→雑種	隣	外	畑	9
	k11	畑→雑種	当	外	畑	2
	k48	畑→雑種	隣	外	畑	6
		畑→雑種	隣	外	畑	1
		畑	隣	外	畑	2
	k40	畑	隣	外	畑	1
	k37	原野	当	外	畑	1
		原野	当	外	畑	6
		原野	当	外	畑	2
	k16	山林	当	外	更	5
		山林	当	外	更	5
		山林	当	外	更	6
		山林	当	外	更	7
	s39	山林	隣	外	畑	4
	s38	山林	隣	外	畑	5
	k39	山林・雑種地	隣	外	畑	7
		山林・原野	隣	外	畑	5
遠隔地相続型	k6	畑→雑種	隣	外	畑	2
	s20	山林	当	外	畑	2
事業用地管理低下型	k54	山→宅地	隣	外	更	2
	k49	山→宅地	隣	外	更	2
	k23	畑	隣	外	畑	2
	k28	畑	隣	外	畑	1
	k21	山	隣	外	更	2
	k45	原野	隣	外	更	1
	k47	山林	隣	外	更	1
	k18	山林	隣	外	更	3

凡例　当：当該集落，隣：隣接集落，外：外部，更：更地
　　　■宅地へ転用　　■雑種地へ転用　　■山林・原野で不変

(3)　不動産投機型

　不動産投機型は，1952年当時の当該集落，隣接集落居住者から，さまざまな外部の不動産業者等を経て，調査時点の所有者が取得し，土地投機を目的とした事例である。この不動産投棄型は，さらに地目と転用の状況から，ⅰ）線引き前に「宅地」に転用され転売されるタイプ，ⅱ）線引き後に「雑種地」へと転用され転売されるタイプ，ⅲ）「山林」「原野」が転用されずに転売されるタイプがある。これらは概ね，管理放棄される前は耕作地として使用されていたが，

87

表2-1-5(2) 管理放棄地の詳細

分類	地片番号	地目の変化	1952年の所有者	現在の所有者	放棄前土地利用	転売回数
農業事情変化型	k20	畑	隣	隣	畑	3
	k33	畑	当	外	畑	1
	k41	畑	隣	外	畑	2
	k23	畑	隣	外	畑	1
	k5	山林	隣	隣	畑	0
	k17	山林	隣	隣	畑	2
	k53	山林	隣	隣	畑	0
	k2	原野	隣	隣	畑	1
	k4	山林	隣	隣	畑	1
	k27	畑	隣	隣	畑	0
	k32	畑	当	隣	畑	1
	k29	畑	隣	隣	畑	0
	k34	畑	隣	隣	畑	2
	s34	畑	隣	隣	畑	1
		畑	隣	隣	畑	0
	s12	畑	隣	隣	畑	0
		畑	当	当	畑	1
	s25	田	当	当	田	1
	k7	山林	当	当	畑	0
	k10	山林	当	当	畑	1
	s4	山林	外	当	畑	1
	s5	畑	当	当	畑	0
	k9	畑	当	当	畑	0
公共管理低下型	k12	宅地	公	公	池	0
	k15	不明	公	公	池	0

凡例 当:当該集落, 隣:隣接集落, 外:外部, 更:更地
■宅地へ転用 ■雑種地へ転用 ■山林・原野で不変

もともとの山林を住宅地のような形状に区画した事例も見られる。

不動産投棄型が多いのがX集落の特徴で，管理放棄地が多い要因でもある。たとえば，後述のY集落ではあまり見られないタイプである。純然たる農村地域であるY集落に対して，X集落においては，計画住宅地が存在し，将来的な住宅地需要の増大と地価の上昇に対する期待があるものと推察できる。

(4) 事業用地管理低下型

山林，原野が更地になり定常的な雑草管理が行われる，もしくは耕作地が管理放棄されている。1952年当時の当該集落，隣接集落居住の所有者から，直接，もしくは不動産業者や自治体等を経由して，外部の事業者が事業用地として取得したものの，さまざまな事情から事業用途に使用されず，あるいは使用されなくなり，管理が

(5) 公共管理低下型

　土地改良事業に伴う灌漑用調整池の敷地であり，国が所有者で土地改良区が管理者であるが，管理が不十分な事例である。今後，自治体や土地改良区の財政事情が悪化する中で，こうした公共用地の管理放棄の拡大が懸念される。

　2-1-5　都市的利用の経緯－柏市Y集落－

　本項では，産廃や残土が多く見られる柏市Y集落における都市的利用の特徴を，利用の種類，地目，所有者，管理者などから分析する。なお本書では家電など一般廃棄物を地主の了解なしに投棄する行為を「不法投棄」とし，分析から除外する。つまり，地主が貸与し，あるいは自ら操業する，違法な堆積，処分場が多い地域で，土地利用規制に関しての提言を行うことが目的だからである。最終処分場，中間処理施設，積替保管場は，県から許可を受け，基準を守る合法的な施設であり，本集落にはほとんど見られない。なお合法的であればよいか，あるいは基準を満たせばどこに作ってもよいかとの議論はあるが，ここではそのことについては触れない。

(1) 都市的利用地の分類

　都市的利用地を，主たる土地の用途と，残土・産廃の堆積，管理状況と量から6種に分類する（表2-1-6，表2-1-7，表2-1-8，表2-1-9）。すなわち，①「正常管理型」は，事業所，資材置き場，駐車場，非農業用倉庫（以下資材置き場等と表記）を用途とし，残土や産廃の堆積が見られないタイプで41件（No.14は詳細不明），②「仮置き型」は，資材置き場等に2トン車で搬出できる程度の産廃・残土が堆積するタイプ（主たる用途は資材置き場等）で14件，③「埋設型」は，管理放棄地，資材置き場等の地中に産廃，残土が埋設されるタイプで8件，④残土置き場型は，主に残土の堆積を用途とする

2章　都市近郊地域の荒廃

表2-1-6　都市的利用地の分類と柏市Y集落の現地写真

正常管理型	資材置き場，事業所，非農業用倉庫，駐車場等で産廃・残土に関係しない事例
仮置き型	資材置き場等に2t車で搬出できる程度の少量の産廃，残土が置いてある事例
埋設型	資材置き場等の下に産廃・残土が埋設されている事例
残土置き場型	主として残土を置くことが目的となっている事例
廃棄物置き場型	主として廃棄物を置くことが目的となっている事例
処分場型	主として廃棄物を堆積し，加工（燃焼・破砕）している事例

ものが6件，⑤廃棄物置き場型は，主に廃棄物の堆積を用途とするもので6件，⑥処分場型は，廃棄物を堆積し，燃焼，破砕などの加工を行うもので10件，見られる。また，以下では「正常管理型」・「仮置き型」を「資材・事業所系」，「埋設型」・「残土型」・「廃棄物置き場型」・「処分場型」を「産廃・残土系」とする。

(2) 都市的利用地の特徴
(i) 地目

地目に注目すると，「資材・事業所系」は，「宅地」，「田」，「畑」が合わせて約5割を占めるが，「産廃・残土系」では，「山林」，「雑種地」が合わせて約7割を占める。つまり，前者では，農地の違法転用が多く，後者では，遠くからの視線の遮蔽性の高い「山林」，「雑種地」の利用が多い。

(ii) 産廃の種類

産廃の種類を見ると，建設廃材を含む事例が19件，残土を含む事例は15件である。残土を建設系廃棄物の一種ととらえると，産廃の種類の判明する38件のうち31件（約8割）が，建設系廃棄物（建設廃材と残土）である。個別の事例について，産廃・残土が自社物（自社の事業で発生した物）か，他社物（他社の事業で発生し処理・堆積を委託された物）かを，自治体担当者の協力で廃棄物の内容から確認した。その結果，「廃棄物置き場型」，「処分場型」では他社物が多く（11件），「仮置き型」，「残土置場型」では自社物が多い（13件）。また，家屋解体業者の扱う自社物は他社の所有物を解体して発生しているため，実質的には他社物であると見なせば，「処分場型」はすべて他社物を扱うことになる。

(iii) 所有者・管理者の住所

所有者の住所を見ると，都市的利用のほとんどなかった1955年当時，「隣接集落」が12件，「町内」が3件で，「不明」を除いた全

2章　都市近郊地域の荒廃

表2-1-7　正常管理型の詳細

整理No.	主用途(副用途)	地目	農地転用違反	関係事業者	粗放化経緯・関連事項	現管理者	1955年所有者	現所有者	転売回数
1	事業所	宅	—	外部木材加工	不明	隣接	当	隣接	5
2	事業所	宅・田	転用済み、一部資材置き場は認知せず	内部小売・食品加工B	自営業当該	当	当	当	1
3	大型倉庫	宅	—	内部食品加工	夜逃げ	不明	当	当	0
4	事業所	宅	—	外部自動車部品販売	不明	不明	当	当	0
5	事業所	林	—	内部土建D	自営業当該	当	当	当	1
6	大型倉庫	林	—	内部土建D	自営業当該	当	当	当	2
7	事業所	雑・宅	—	外部食品事業	外部の親戚へ売却	不明	不明	隣接	1
8	資材置き場	林	—	外部土建	不明	不明	当	埼玉	5
9	事業所	林	—	外部土建H	新居新築時売却	隣接	隣集	隣接	5
10	事業所	畑	県指導中	隣・自動車修理	不明	隣集	当	隣集	1
							当	当	0
11	事業所	原	—	外部鉄加工	不明	隣接	当	隣接	3
12	事業所	雑	町指導済	外部鉄加工	不明	不明	当	東京	2
13	倉庫	林	—	外部事業者	不動産屋経由	不明	当	東京	5
40	事業所＊休止	林・宅	—	転入土建	転入自宅	当	当	当	2
15	駐車場	宅	—	不明	不明	不明	当	当	0
16	バス転回所	雑	—	外部バス会社	バス転回所	町内	当	当	0, 3
17	資材置き場	田畑	許可済	外部土建A	墓地造成	隣接	当	隣接	3
18	資材置き場	林	—	—	農業資材	当	当	当	0
19	資材置き場(大型倉庫)	宅	—	内部小売・土建C	自営業当該	当	当	当	0
20	資材置き場	畑	不指導	外部個人趣味	事業失敗・貸与	隣接	当	当	0
21	資材置き場	畑	不認	—	農業資材	当	当	当	0

87件のうち約2割で，残り約8割は「当該集落」である。一方，調査時点では，「当該集落」が約4割，「町内」が約1割，「隣接市町村」が約3割，「隣接市町村以遠」が約2割である。「隣接市町村」，「隣接市町村以遠」の所有は約5割にも上る。つまり，都市的利用地は，同じく約3割を占める管理放棄地に比べると，外部所有は広域的に見られる。

これに対して，X集落では，外部所有が都市的利用地で約3割，管理放棄地が約8割であり，管理放棄地が多いX集落では，管理放棄地の外部所有が，都市的利用地が多いY集落では，都市的利用地の外部所有が進む。またY集落の都市的利用地が内部・外部所有がおよそ半々なのに対して，X集落の管理放棄地はほとんどが外部所有によるものである。顕著に問題となる土地の多くは，外部所有によるものであると言える。

1節　都市近郊地域の管理放棄と都市的土地利用

22	資材置き場	宅	—	内部土建D	不動産投機	当	隣集	隣接	2
						当		隣接	3
23	資材置き場	畑	不認	—	不明	不明	当	当	3
24	資材置き場	林	—	—	不明	当	当	近接	5
25	資材置き場	畑	不認	内部土建J	自営業当該	当	町内	当	1
26	資材置き場	林	—	内部土建J	自営業当該	当	当	当	0
27	資材置き場	林	—	外部土建	病気貸与	隣接	当	当	0
28	資材置き場	林	—	外部土建	不明	隣接	当	隣接	2
29	資材置き場	畑	不認	—	相続外部	隣接	当	隣接	1
30	資材置き場	畑	許可済	外部土建E	不明	東京	当	東京	3
31	資材置き場	畑	許可済	外部土建E	不明	東京	当	東京	2
32	資材置き場	畑	—	外部土建	不明	隣接	隣集	隣接	1
33	資材置き場	林	—	外部土建	不明	不明	当	隣接	1
34	資材置き場	林	—	外部土建G	不明	不明	当	当	0
35	資材置き場	林	—	外部事業者	不動産屋経由	不明	当	隣接	4
36	資材置き場	林	—	外部事業者	不動産屋経由	不明	当	東京	5
37	資材置き場	林	—	外部土建	新居新築時売却	東京	隣接	東京	2
38	資材置き場	畑	不認	外部土建E	不明	東京	当	東京	3
39	資材置き場	畑	不認	—	不明	不明	隣集	隣集	0
41	資材置き場＊休止	林	—	外部土建	不明	不明	隣集	隣接	2

凡例1

○	2t車一杯目安，重機で現状復帰可能
◎	○以外
▼	埋設もしくは覆土
●	産廃・残土に他社物が含まれる
□	産廃・残土は自社物である
△	産廃・残土が自社か他社か不明である

凡例2

当	当該集落に居住
隣集	隣接集落に居住
町内	町内に居住
隣接	隣接市町村に居住
近接	隣接市町村に隣接する市町村居住
不定	住所不定

注：地目，所有者，転売回数の根拠は登記簿による。データはすべて2004年3月。

　また，現時点での「資材・事業所系」の「当該集落」所有は，それぞれ約4，5割であるのに対して，「産廃・残土系」は約2割にとどまり外部所有が進む。

　管理者の住所について見ると，「当該集落」は約2割で，所有者の「当該集落」約4割より低く，その差の約2割は「当該集落」所有のまま，外部の者に貸与していることを示す。

　管理者の業種を見ると，建設業が多く，管理者は，外部の建設業，内部の建設業，外部の非建設業（自動車修理業，食品加工業等），内部の非建設業（小売業，農業等）に分けることができる。外部の建設業の割合を見ると，事業所で約3割，資材置き場で約5割，産廃，残土に関わる事例では約8割，内部建設業者は，事業所で約2割，資材置き場で約2割，産廃，残土に関わる事例では約1割であった。建設業全体では，事業所で約5割，資材置き場で約6割，産廃，残

2章　都市近郊地域の荒廃

表2-1-8　仮置き型，埋設型の詳細

類型	整理No.	都市的利用の内容 主用途(副用途)	廃棄物	残土	産廃・残土関係行政指導	産廃・残土行為継続有無・業者変更	産廃種類	地目	農地転用違反	関係事業者	粗放化経緯	現管理者	1955年所有者	現所有者	転売回数
仮置き型	42	事業所(駐車場)	○	—	小規模	—	□廃車	宅	—	転入部品加工	事業失敗・貸与	当	当	当	0
	43	事業所	○	—	—	—	△建廃	林	—	外部自動車修理	不動産屋経由	不明	当	隣接	8
	44	事業所	◎	—	事業所内	—	□建廃	林	—	外部土建	不明	不明	当	隣接	1,2
	47	資材置き場	○	—	小規模	—	△建廃	畑	不認	外部土建	新居新築時売却	不明	隣接	当	1
	48	資材置き場	○	—	—	—	△建廃	林	—	外部土建	不明	不明	当	隣接	1
	49	資材置き場	○	—	小規模	—	△建廃	田	不認	外部土建A	墓地造成	隣接	当	当	1
	50	資材置き場	○	—	小規模	—	□建廃	畑	不認	内部小売・土建C	自営業当該	当	当	当	1
	51	資材置き場	○	—	小規模	—	□生活・農業系	畑	不認	—	相続外部	不明	当	隣接	0
	52	資材置き場	○	—	小規模	—	□生活・農業系	畑	不認	—	不明	不明	当	当	1
	53	資材置き場	○	—	町指導済	休	△建廃	宅	—	外部土建	不明	隣接	当	隣接	2
	54	資材置き場	○	○	合法	—	□建廃・残土	畑	不認	内部土建C	不明	当	隣集	当	1
	55	資材置き場	○	○	町指導済	休・変	□建廃	田	不認	ハクナン撤退・内部土建	自営業当該	当	当	当	0
	57	資材置き場	—	○	小規模	—	△残土	林	—	外部土建	転出者貸与	隣接	当	当	0
	58	資材置き場(事業所)	—	○	—	稼	□残土	田	町指導中	外部土建	外部親戚貸与	隣接	当	隣接	2
埋設型	45	駐車場	◎	▽	町指導済	休	△産廃	林	—	外部土建G	土砂採取	隣集	隣集	隣集	3
	46	駐車場(資材置き場)	◎	▽	町指導済	—	△産廃	林	—	外部土建G	土砂採取	当	当	隣接	2
	60	資材置き場	◎	▽	町指導済	休・変	●人工芝・残土	林	—	外部土建	外部所有	隣接	当	隣接	1
	61	資材置き場		◎▽	黙認・残土	—	□建廃・残土	林	—	外部土建	不明	不明	不明	近接	2
	62	資材置き場	◎	▽	町指導済	稼	△残土・産廃		不明	—	不明	不明	不明	不明	不明
	56	資材置き場	—	○▽	合法	—	△残土	畑	不認	外部土建E	ゴルフ場	東京	当	当	0
	65	資材置き場(廃車置場)	◎	○	町指導済	稼・変	●廃車・残土	田	県指導中	外部土建・自動車部品	事業失敗	隣接	当	隣接	1
	66	旧野焼き	◎	▽	—	町指導済	休	△産廃	田	不認	外部土建	土砂取り場	不明	当	東京	1
													当	当	0

注：地目，所有者，転売回数の根拠は登記簿による。データはすべて2004年3月。凡例は表2-1-7を参照。

1節　都市近郊地域の管理放棄と都市的土地利用

表2-1-9　残土置き場型，廃棄物置き場型，処分場型の詳細

類型	整理No.	主用途(副用途)	廃棄物	残土	産廃・残土関係行政指導	産廃・残土行為継続有無・業者変更	産廃種類	地目	農地転用違反	関係事業者	粗放化経緯	現管理者	1955年所有者	現所有者	転売回数
残土置き場型	67	残土置き場	—	◎▼	合法	—	△残土	畑	許可済	外部土建E	ゴルフ場	町内	当	東京	3
	68	残土置き場	—	◎	合法	—	□残土	林	—	外部土建	不明	近接	当	町内	2
	69	残土置き場	—	◎▼	不認	—	△残土	林	—	不明	不明	不明	当	近接	3
	70	残土置き場	—	◎	合法	—	●残土	雑	—	外部土建	事業失敗	東京	町内	東京	1
	71	残土置き場	—	◎	合法	—	●残土	林	—	内部土建	親戚自営貸与	当	当	当	0
	72	残土置き場	—	◎	合法	—	□残土	林	—	外部土建F	不明	東京	当	東京	6
廃棄物置き場型	59	廃棄物置き場	◎▼	—	町指導済	休・変	●建廃	田	許可済	外部土建・内部土建H	事業失敗・貸与	近接	当	当	0
	63	廃棄物置き場	◎▼	—	町指導済	休	□食材	林	—	外部食品業	倒産・自社処分堆積	隣接	隣集	隣接	4
	64	廃棄物置き場	◎	—	町指導済	休	●タイヤ等	畑	黙認	内部土建	土砂採取・事業失敗	当	当	当	1
	80	廃棄物置き場	◎	—	不認	休	●家電等	林	許可済	外部土建E	ゴルフ場	町内	当	東京	2
	81	廃棄物置き場	◎▼	—	町指導済	休	●産廃	林	—	外部土建F・外部産廃	土砂採取	不明	当	東京	1
	85	廃棄物置き場	◎	—	町指導済	休	△古タイヤ	雑	—	外部事業	—	東京	町内	東京	0
処分場型	73	処分場	◎	—	町指導中	稼・変	●建廃	不明	—	外部解体業	土砂取り場	隣接	不明	不明	0
	74	処分場	◎	—	町指導中	稼	●建廃	林	—	外部産廃I	不明	隣接	当	町内	3
	75	処分場	◎	—	県指導中	稼・変	●建廃・廃プラ等	畑	県指導中	外部産廃	家計破綻等	不定	当	不定	1
	76	処分場	◎	—	町指導中	休	△建廃	林	—	外部解体業	病気貸与	隣接	当	当	0
	77	処分場	◎	◎▼	県指導済	休	●建廃・廃プラ・残土	林	—	外部産廃	家計破綻等	隣接	当	隣接	0
	78	処分場	◎	—	合法	稼	●産廃	林	—	外部産廃	不明	不明	当	町内	1
	79	処分場	◎	—	町指導済	休	●産廃	林	—	外部産廃I	不明	不定	当	隣接	0
	82	処分場	◎	—	町指導済	稼○	△建廃	林	—	外部解体業K	不明	隣接	隣集	東京	3
													当	隣接	2
	83	処分場	◎	—	町指導済	稼・変○	●建廃	林	—	外部産廃	不明	不明	隣集	隣集	0
	84	処分場	◎	—	町指導済	稼○	△建廃	林	—	外部解体業	不明	隣接	隣集	隣集	0

注：地目，所有者，転売回数の根拠は登記簿による。データはすべて2004年3月。凡例は表2-1-7を参照。

2章　都市近郊地域の荒廃

土に関わる事例で約9割である。つまり，都市的利用の過半は建設業が関わり，特に産廃，残土に関わる事例では約9割にも上る。内訳を見ると，外部建設業が約8割，内部建設業が約1割であり，建設業が都市的利用のうちでも問題の多い土地利用をもたらす主要な業種であると言える。

一方，「資材・事業所系」の管理は，「隣接市町村」および「隣接市町村以遠」が約6割だが，「産廃・残土系」では，約8割にも上り，所有は広域的である。

現在の所有者と管理者の関係を見ると，所有者と管理者が一致しない事例が約3割あるが，「産廃・残土系」では，それが5割にも上る。特に「処分場型」では管理者と所有者が異なる事例がほとんどで，外部所有者が直接管理者になる事例は1事例を除き見られない。つまり「産廃・残土系」，特に「処分場型」のように違法性の高い活動を行う事業者ほど，実態を把握されづらく，またいつでも逃げ出せるように，土地を所有せず事業を行うことがわかる。

X集落の開墾域は，隣接集落所有から外部所有となり粗放化が進行したが，Y集落では，当該集落所有から外部所有，あるいは当該集落所有のままで粗放化が進行している。前者の特徴は土地の投機的所有であるが，後者の特徴は都市的利用の実需である。そこから，こうした差異が見られると考える。

(ⅳ)　所有者・管理者の業種

管理者，所有者の業種を見ると，「処分場型」では，いずれも外部の産廃専門業，家屋解体業である。しかし，他の類型では，ほとんどが一般的な建設業者であり（47件），そのうち，外部が35件を占める。また，建設廃材を扱う産廃専門業，家屋解体業も建設業の一種であり，こうした都市的利用には概ね建設業者が関係する。例外は，食品加工業（食材の投棄），自動車修理・解体業（古タイヤ等の投棄）である。

(v) 管理者の活動状況

「埋設型」では8件中5件，「廃棄物置き場型」では6件中5件，「処分場型」では10件中3件で，産廃，残土の搬入，加工作業を休止中である。つまり，「産廃・残土系」では，搬入可能容量を超えるなどいずれかの段階で放置され，自治体は管理者との意思疎通も難しくなり行政指導が稼動中よりさらに難しくなる。また，「産廃・残土系」30件のうち，管理者が途中で変わる事例が7件あり，産廃，残土を堆積させたまま管理者が変わる，引き続き産廃，残土系の用途，もしくは資材置き場の用途に使用する事例がある。

(vi) 経緯

「資材・事業所系」では，当該集落居住者による自営業用地としての利用および，家庭事情の変化や親戚等集落関係者の土地取得希望による貸与や売却（新居新築のための売却，外部の親戚への貸与，売却，相続，転出者への貸与，病気を契機とする貸与）が多く見られる（20件）（データは割愛）。これに対して，「産廃・残土系」では，湖沼の干拓事業や鉄道建設に伴う土砂搬出後の跡地利用や，ゴルフ場開発計画の頓挫に伴う先行取得用地の利用，事業の失敗等経済的破綻を契機とする事例が多く見られる（15件）。

さらに土地の提供と取得に関する経緯を分析する。まず「資材・事業所系」においては，①土地の提供は，当該集落所有者による母屋の建て替え，親戚を通じた取引，相続を契機に行われ，土地の取得は，都市化が進行し事業用地の確保を求める周辺部の建設業者によるというパターン，②当該集落自営業者によるパターン，が特徴的である。一方，「産廃・残土系」において，土地の提供は，当該集落所有者が，事業の失敗，破産等を契機に，もしくはゴルフ場開発計画の先行取得地，土砂採取場用地として行われ，土地の取得は，都市化が進行し事業用地を求める周辺部の建設業者，周辺部もしくは遠隔地の家屋解体業者，産廃専門業者によるパターンが特徴的である。さらに，「処分場型」が休止し「廃棄物置き場」に，「正常管

理型」に残土が置かれ「仮置き型」へと，変移する事例も見られる。

(vii) フォロー調査

調査時点（2003年）から5年後（2008年）に，どの程度これら都市的利用地が増減しているか目視調査を行った。その結果，新規に，許可残土処分場1件，産廃置き場が2件生まれ，資材置き場が産廃置き場に変化する事例が1件見られた。さらに残土置き場1件，資材置き場1件が更地になっている。つまり，5年経ってもこうした都市的利用地の総数はほとんど変化しておらず，産廃や残土は，一度堆積するとほとんど撤去されないことがわかる（加えて2013年秋に来訪した時にもほとんど状況が変わっていないことが確認された）。

2-1-6 都市的利用と法規制と行政対応

千葉県を事例として自治体担当者に対するヒアリング調査から，粗放地について法規制の解釈と運用の実態を以下に整理した。

(1) 農地法

農地法の違反について，指導中の事例が4件（県指導3件，市町村指導1件），指導後，放置されたままとなる事例が1件，認知していない，もしくは小規模なため指導しない事例が19件見られる。つまり，白地地域の場合，農業委員会による見回りは実施されず，苦情がきて初めて調査を行う。つまり，小規模な違反については，住民の生活利便性も鑑みて，事実上，黙認するということである（例えば，農家が農業用資材や稲わらを一時的にある土地に放置するなど，農業生産上，生活上必要な行為も厳密には違反行為になってしまうということ）。特に，産廃が埋設される，あるいは小規模に放置されている場合でも農地の形状の大幅な変更に該当しなければ指導の対象とはならない法制度上の課題がある。さらには，指導は行っても，罰則（農地法92条）は適用されず，監視の体制，実質的権限とも不十分な状態であった。

(2) 廃棄物処理法

廃棄物処理法（以下，廃掃法）違反について，「産廃・残土系」で見ると，指導中の事例はいずれも「処分場型」で，4件（県指導1件，市町村指導3件）である。また，過去に指導を受けた事例が18件（県指導1件，市町村指導17件）である。このうち，指導の結果，改善した事例も見られたが，産廃を放置したまま活動を休止した事例であり，原状回復に至るまでの指導ではない。また，農地法と同様に小規模な事例は，行政では把握していない，もしくは指導の対象とせず，残土については，法的には産廃でないため指導の対象外である。廃掃法の問題点は，自社の事業で排出される産廃の処理が規制の対象外であり，したがって自社処分と偽って他社物を大量に持ち込む事例が多いことである。Y集落の立地する自治体では，2トン車分の産廃を焼却している事例を焼却禁止の項目で指導するか，$100m^2$ 以上の産廃の堆積を2週間以上行っている事例を任意で調査，指導するという自治体独自の基準を実施している。千葉県の対応は，銚子，市原等の大規模な産廃処分場問題を抱える地域への指導が中心で，小規模な産廃の堆積，つまりこれらが散在する地域には不十分である。

つまり法規制は，人手と予算の限界により，大規模で悪質な事例から取り締まり小規模で散発的な地域の取り締まりまでは手が回らないのである。また千葉県ではかつて成田空港をめぐる闘争があり，この経験から，強制代執行などの措置に対しては慎重である。こうした姿勢も迅速に対応できない要因となっている。

(3) その他の法・条例

森林法は産廃・残土の堆積を想定しておらず，また林地開発許可制度は1ha以上の開発を対象としており，事業所・資材系，産廃・残土系どちらにおいても，本地域のような小規模な土地利用に対しては無力である。

都市計画法の開発許可制度は，宅地開発に伴う土地区画形質の変

更を対象としており，産廃，残土の堆積は想定していない。事業所は取り締まりの対象となるが，廃掃法，農地法と同様に，地域住民の生活環境への著しい影響がない限り，代執行，起訴，逮捕に踏み切ることはない。これも人手と予算の問題からすべての事例を取り締まることはできないという事情による。

また，「千葉県廃棄物の処理の適正化等に関する条例」では，自社処分に対してもマニフェストを義務づけ焼却施設を許可制にするが，やはり人手と予算の課題があり，産廃問題の解決には至っていない。「千葉県土砂等の埋立て等による土壌の汚染及び災害の発生の防止に関する条例」は，小規模な残土置き場はその対象となっておらず，さらには残土そのものを規制するものではなく土壌汚染を引き起こす産廃の混入の阻止をねらったものであり，本節に取り上げるような小規模な残土置き場の立地を規制するものではない。

2-1-7 小括
(1) 粗放化の歴史的経緯

つくば市X集落では，もともと，複数集落の共有林（薪炭林）における開墾と外部所有化が粗放化を促進している。また柏市Y集落では，周辺地域で市街化が進行し，市街地に囲まれた農村地域という立地が，粗放化（特に都市的利用）を促進している。集落域周辺部林地での外部所有による大規模な粗放化と集落居住域における住民による小規模な粗放化に大きく分けることができる。

(2) 管理放棄の要因

管理放棄の要因について，営農意欲の低下や相続による所有者の遠隔化などに加え，外部事業者による農地の投機的所有，事業用地としての取得も見られることである。この遠隔化は，昔は農村部では長男がほぼすべての財産を相続したが，現在は民法の兄弟の平等性に依拠する場合が多い，あるいは子供が同居せず遠隔地に居住するなどの事情によるものである。土地を直接，都市的に利用するだ

けでなく，こうした都市的な活動が間接的に管理放棄の要因となっている。

(3) 隣接集落居住者の粗放化に果たす役割

隣接集落居住者は，土地勘や人間関係，土地に関する情報を持つが，当該集落の自治会構成員でなく，粗放化による世間体を気にする必要もないためである。

(4) 都市的利用と外部事業者

都市的な利用について，外部事業者によるものが多いが，そのうち建設業関係の事業者による建設廃材，残土に関わるものが多い。これは廃棄物処理の重量あたりの単価が低く，廃棄物処理に運搬費をかけられないため，こうした首都圏の都市近郊地域に捨てられるのである。同時に，市街化が進む隣接都市の建設業者の事業用地の不足が大きいが，この中には，家屋解体業，産廃専門業者が確信犯的に違法操業を行っている廃棄物置き場，廃棄物処分場も含まれる。

(5) 都市的利用と住民

都市的利用について，外部事業者だけでなく地元自営業者による事業所，資材置き場など，集落居住域を中心に見られる。業種を見ると，外部事業者と同様に，地元事業者でも建設業者がほとんどである。同時に，地元自営業者の事業用地が外部所有の契機になり，さらなる都市的利用を生んでいる。集落内だけでなく，集落外の建設業に従事する住民も多く（次節詳述），住民の就業形態が，都市的利用を生む構造に組み込まれている。

(6) 貧困問題と産廃

「処分場型」（許可処分場ではない）は違法を承知で確信犯的に事業を行う点で最も悪質であるが，これに関わる所有者，管理者を見ると，外部，内部を問わず，住所不定の者，単身の障害者，多重債務

者（家計や自営業の破綻）などが多く，やむを得ない事情で土地を産廃堆積等に利用することがわかる。農村地域は一般に都市地域に比べ，タクシー，トラックなどの運転手，建設業の日雇い労働者など不安定な職に就く者も一定程度あり，こうした層が，何かの契機で経済的に困窮した場合に，産廃業に土地を売り，あるいは自らこうした業に就く可能性がある。つまり，「処分場型」の産廃問題は，貧困層の人々の存在と自立の問題でもある。同時にこうした人々に反社会的勢力が関与している場合も少なくない。

(7) 法規制と産廃

法規制について，土地利用規制が産廃を想定していないことや廃掃法における自社処分か他社処分かの判断がすぐにはできないなどの問題があるが，他の法律や条例を含め，予算や人手が足りずに小規模で散発的な産廃の事例まで手が回らないのが最も大きな課題である。同時に，残土を取り締まる有効な法律，条例がないことも課題である。

(8) 管理放棄地と都市的利用地の関係

管理放棄地と都市的利用地は，一部では谷津田の奥など同じような場所に見られるが，多くの場合，その立地特性は同じではない。つまり管理放棄地は，農業条件，管理条件の良くない不整形地や斜面地などに多く見られるが，都市的利用地は，交通アクセスが良く，ある程度平らで広い面積の土地に多く見られる。管理放棄地を都市的利用地に変えるには雑木，雑草を一掃しなくてはならないため，管理放棄地から都市的利用地への転換はまれである。

(9) 大規模開発と粗放化

都市近郊地域では，①周辺地域の大規模開発事業（例：鉄道建設，干拓事業）に伴う土砂採取場，ゴルフ場建設などのさまざまな開発や開発計画，②土地の投機による，外部事業者による土地所有が見

られる。これらに関連する土地は，本来の農林地，あるいは宅地としては利用されず，管理放棄地や都市的利用地の種地となることが確認できる。

注釈

注1）　本節においては，「管理放棄」と「都市的利用」を併せて，「粗放化」としている。「管理放棄」とは，主として，雑草管理が行われず，観察調査時に雑草の丈が地上から50cmを超える株が主な部分を占める状態とした。また，管理放棄地の対象となるのは，管理放棄される直前まで耕作が行われていた地片，他の用途に使用するために更地として整備された地片とした。すなわち，管理が行われていない林地は対象からはずした。また，「都市的利用地」は，従前の住宅地の敷地を都市的に利用する事例は除外し，新規に，畑，林地，雑種地，原野が，事業所用地，資材置き場，駐車場，廃棄物置き場，廃棄物投棄場となっている事例を対象として分析した。

注2）　ここで小規模とは，一つの敷地が3000m^2未満の案件を指す。3000m^2の根拠として，産廃については，石渡正佳の定義を用い（産廃コネクション，WAVE出版，p.59，2003），残土置き場についても，千葉県残土条例の取り締まりの除外対象が3000m^2未満となっていることとした。

　　　さらに，調査対象自治体では100m^2以下，概ね2トン車1台分未満の産廃を小規模事案として，取り締まりの対象にせず，生業に必要な産廃の仮置きと見なしているため，以下の本文で分析を進める際は「小規模」とはこの定義によるものとした。

注3）　本書では観察調査により識別できた土地利用，管理が一体だと識別できる最小単位の一片を「地片」と表記する（本来は地理学分野の用語である）。一方，「筆」は土地登記簿上の所有の最小単位の一片を指す。

注4）　この未利用区画の多い計画住宅地に関する調査については，共同研究者である吉田氏の著書「吉田友彦：郊外の衰退と再生，晃洋書房，2010」を参照されたい。

注5）　環境省ホームページより（2014. 10最終閲覧）。

注6）　管理放棄については，土地が隣接する場合，境界が不明確である場合が多く，連続した管理放棄地を一団地，つまり1カ所とカウントするため厳密な箇所数とは言えない。また同時に箇所数のみの

分析のため，面積は考慮されておらず，箇所数の比較だけでは粗放化の進行度を判断できないが，ある程度の判断材料にはなる．また林地，河川部を除く．なお，管理放棄地が長年放置され，林地と区別がなくなっているなど厳密にすべてを特定できているわけではない．

事業所については，社名の表札などがあり，また建築物があり，中で恒常的に業務活動が行われていると思われる場所，ただし産廃，残土の堆積に関わる事業は除く．

資材置き場については屋敷地，事業所の敷地内は除く．また産廃・残土の堆積が主な用途と判断される場合を除く．

注7) 本書では，主として，土地所有者の了承を得て行われる産廃・残土の堆積を扱い，土地を管理することなく通りすがりに家電などを投棄する行為は不法投棄とし，区別している．

注8) つくば市X集落の分析においては，隣接集落所有が大きな意味を持ち，外部所有とは，当該集落所有と隣接集落所有を除く所有を指す．ただし，柏市Y集落において，隣接集落所有はごくわずかであり，外部所有とは，当該集落所有を除く所有を指す．

参考文献

1) 九鬼康彰，高橋強：数量化理論I類を用いた耕作放棄の発生要因分析，農業土木学会論文集，191, pp. 23-33, 1997
2) 三国政勝：千葉県における残土・産業廃棄物処分場の立地状況，日本建築学会学術講演梗概集，E-2, pp. 573-574, 2002
3) 藍澤宏ほか2名：大都市近郊における農振農用地区域内の農用地の保全に関する研究，日本建築学会計画系論文報告集，447, pp. 79-88, 1993
4) 服部俊宏，山路永司：農家条件からみた都市近郊の耕作放棄発生要因，農村計画学会誌，16(4), pp. 325-333, 1998
5) 鎌田元弘：大都市周辺地域の混住化類型とその計画的課題に関する考察，日本建築学会計画系論文報告集，375, pp. 104-113, 1987
6) 坂本淳二，鎌田元弘：首都圏における混住化動向に関する考察，日本建築学会計画系論文報告集，479, pp. 149-158, 1996
7) 齋藤雪彦，吉田友彦，高梨正彦，椎野亜紀夫：都市近郊農村地域における集落域の空間管理の粗放化に関する基礎的研究，日本建築学会計画系論文集，566, pp. 39-46, 2003
8) 齋藤雪彦，全銀景：都市近郊農村地域における集落域の空間管理

の粗放化と土地利用規制の課題, 日本建築学会計画系論文集, 594, pp.53-60, 2005

2章2節　都市近郊地域の就業構造

前節では，都市的利用地は，主として地域外の事業者によるものであるが，部分的には地域住民の自営業によるものであることを指摘した。これは粗放地の所有者を調べ明らかになったことであるが，地域住民全体の職業を俯瞰的に分析したものではない。

したがって，本節では，都市近郊農村集落において地域住民の就業構造（農業および農業以外の職業の構造）を明らかにすることとした。併せて，空間の粗放化，地域内の開発事業の経緯を地域住民の職業と関連づけながら見ることとした。これは，就業構造と空間の粗放化，開発事業の関係は必ずしも一対一に対応するわけではなく，また相互にさまざまな要因とともに作用し合うと考えられるため（たとえば，就業構造の変化が，ある開発事業を受け入れる素地をつくるが，その開発事業は粗放化を引き起こしつつ新たな就業構造の変化を引き起こす等），このような分析手法を選択した。すなわち，就業構造を把握し，粗放化や事業との関係を見ることで，地域の粗放化という現象をより立体的に示すためである。

2-2-1　調査方法と調査対象地域の概要

前節同様，産廃の不法投棄が多く見られ，都市的需要も高い千葉県に調査対象地を求めた。同時に大規模な住宅地開発を伴わない都市近郊集落であり，前節のX，Y集落ほど粗放化が進んでいないことを条件に，前節の同県Y集落より開発圧力が低い千葉県北東地域を現地踏査し，調査協力の得られた，旧大栄町（現成田市）Z集落を調査対象地として選定した。つまり，粗放化がそれほど深刻でない一般的な集落においても，1節で粗放化の要因となっていた建設業が広範に見られるのではないかと考えたからである。

旧大栄町Z集落を図2-2-1に示す。調査時期は2005年である。旧大栄町は，成田市，佐原市に隣接する人口約1万人の自治体で

2節　都市近郊地域の就業構造

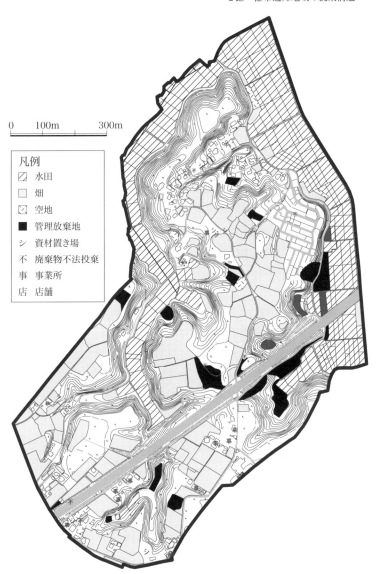

図2-2-1　旧大栄町Z集落土地利用図

2章　都市近郊地域の荒廃

あり，北総台地の畑作地帯の一角を占め，田畑の比率は概ね1対2であり全世帯の約半数が農家である。主な栽培作目はカンショ（さつまいも）で，全国でも有数の生産高を誇る。また成田空港からは，本集落までは約15分程度の時間距離である。さらに，周辺部での大規模な開発行為としては，1978年に成田空港が開港し，1985年には町内を高速道路が開通し，西部の成田空港に近接する部分には大栄工業団地，大栄ニュータウン等の大規模開発事業が行われた（用途地域に指定された工業団地が1カ所，計画住宅地が2カ所）。すなわち，成田空港の開港に付随した都市化は見られるものの，東京圏の連担市街地隣接部のような大規模な住宅地開発圧力は見られず，したがって，大規模な空間変容は見られない集落が多く，同時に，安定的な兼業，自営業の持続可能性が高い地域である。また，Z集落は，44世帯で構成され，北部にある旧集落域と南部にある開墾域に分けられる。開墾域には，旧集落および周辺集落からの開拓農家が居住する。また，水田の大部分は土地改良事業が実施され，畑は一部水利組合による用水路整備が実施されている。また，上水道は概ね井戸水で，下水道は汲み取り式もしくは合併浄化槽である。

　調査の方法は，現地踏査による目視調査と悉皆ヒアリング調査を行った。しかし，全44軒のうち調査拒否，不在の5軒については，集落代表者等により補足的に聞き取りを行った。

2-2-2　就業構造

(1) 農業以外の職業

　まず，農業以外の職業（農家の場合は兼業）の実態を整理する（表2-2-1）。

　勤務地について，全106件のうちで，「不明」3件を除くと「自宅」（以下，自営業）が約2割，「町内」が約3割，「成田，佐原市」が約3割，「県内」と「東京都内」が合わせて約2割である。つまり全体の約半数が町外へ勤務する（図2-2-2）。また男女別で見ると，女性は「町内」（16件），「成田，佐原」（14件）が多く，男性は

2節　都市近郊地域の就業構造

表2-2-1　現在もしくは経験した農業以外の勤務先

性	年	住所	業種	勤務	退職
男	20	成田	工場勤務	常勤	×
男	22	成田	不明	常勤	×
男	23	県内	教育サービス	常勤	×
男	23	成田	運送*	常勤	×
男	25	自宅	土建業	自営	×
男	31	自宅	運送業	自営	×
男	35	県内	会社員	常勤	×
男	36	成田	運送業*	常勤	×
男	36	不定	運送業	常勤	×
男	37	県内	公務員	常勤	×
男	38	町内	公務員	常勤	×
男	39	県内	会社員	常勤	×
男	40	県内	飲食サービス	常勤	×
男	40	佐原	金融事務	常勤	×
男	41	自宅	土建業	自営	×
男	43	成田	小売業*	常勤	○
男	43	自宅	修理業*	自営	×
男	45	佐原	製造業	常勤	×
男	45	東京	不明	常勤	×
男	47	町内	小売業	自営	×
男	47	自宅	土建業	自営	×
男	48	東京	不明	常勤	×
男	48	自宅	土建業	自営	×
男	50	東京	運輸業	常勤	×
男	51	成田	リース業	自営	×
男	52	不定	土建業	非常	○
男	52	県内	土建業	非常	×
男	53	県内	運輸業	常勤	○
男	53	成田	運送業	非常	×
男	54	県内	土建業	常勤	×
男	54	県内	運送業	常勤	×
男	54	町内	土建業	常勤	×
男	57	不定	運送業	常勤	×
男	58	町内	土建業	非常	○
男	60	県内	会社員	常勤	○
男	60	自宅	土建業	自営	×
男	62	自宅	会社員*	常勤	×
男	62	町内	高齢者派遣業	非常	×
男	63	東京	運送業	常勤	×
男	63	東京	運送業	非常	×
男	64	成田	運輸業	非常	×
男	64	成田	不動産管理業	非常	×
男	64	町内	土建業	常勤	○
男	64	不定	小売業	自営	×
男	64	自宅	小売業	自営	×
男	65	不定	土建業	非常	×
男	65	自宅	土建業	自営	×
男	65	町内	土建業	常勤	×
男	68	成田	土建業	非常	×
男	68	町内	運送業	常勤	○
男	68	自宅	サービス業	自営	×
男	69	町内	土建業	非常	○
男	70	自宅	土建業	自営	×
男	71	町内	警備業	非常	×
男	72	町内	警備業	非常	×
男	72	不明	土建業	自営	×
男	73	不明	運送業	自営	×
男	75	町内	土建業	非常	○
男	75	成田	土建業	非常	×
男	76	県内	運送業	非常	×
男	77	佐原	運送業	常勤	×
男	77	町内	土建業	非常	×
男	81	成田	会社員*	非常	×
男	不明	成田	不明		×
男	不明	自宅	土建業	自営	×
男	不明	県内	土建業	非常	×
男	不明	自宅	土建業	自営	×
女	31	県内	公務員	常勤	×
女	34	佐原	金融事務	常勤	×
女	34	成田	不明	非常	×
女	35	県内	公務員	常勤	×
女	36	町内	事務職	常勤	×
女	38	町内	不明	非常	×
女	39	町内	小売業	非常	×
女	40	佐原	福祉	常勤	×
女	41	佐原	小売業	常勤	×
女	43	成田	小売業*	常勤	×
女	43	自宅	土建業	自営	×
女	45	自宅	土建業	自営	×
女	46	成田	運送業	常勤	×
女	47	町内	JA	常勤	×
女	47	町内	小売業	自営	×
女	49	成田	不明	非常	×
女	49	佐原	土建業	常勤	○
女	49	町内	工場勤務	非常	×
女	50	不明	営業・集金	非常	×
女	50	成田	会社員*	非常	×
女	51	成田	清掃業*	非常	×
女	52	成田	小売業	非常	×
女	57	町内	工場勤務	常勤	×
女	60	不明	会社員	常勤	不明
女	60	町内	工場勤務	常勤	×
女	62	町内	工場勤務	常勤	×
女	65	町内	工場勤務	常勤	×
女	66	町内	飲食業	非常	×
女	67	町内	工場勤務	常勤	×
女	68	自宅	小売業	自営	×
女	68	自宅	サービス業	非常	×
女	69	成田	サービス業	非常	×
女	71	町内	土建業	非常	×
女	73	町内	不明	非常	×
女	75	成田	清掃業*	非常	○
女	78	成田	会社員*	非常	○
女	不明	自宅	サービス業	自営	×
女	不明	町内	不明	非常	×
女	不明	町内	工場勤務	不明	

凡例
■ 自営業
■ 土建業（建設業）
▨ 運送業
□ 土建業（建設業）かつ非常勤かつ現在退職

109

2章　都市近郊地域の荒廃

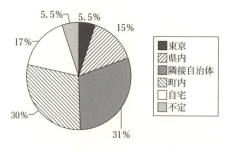

図2-2-2　勤務地

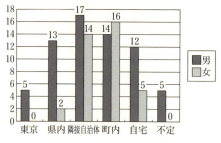

図2-2-3　男女別に見た勤務地

女性に比べて，「自宅」（12件），あるいは，「県内」（13件），「東京都内」（5件）と遠隔地が多い（図2-2-3）。さらに年齢別に見ると，「20～30代」では「県内」（18件中7件）が多く，「40～50」代では「成田，佐原市」（35件中14件），「60代以上」では「町内」が多い（38件中17件）。また「自営業」（自宅）も年代が高くなるほど増える（図2-2-4）。つまり，女性より男性の方が，高齢世代よりも若年世代の方が，勤務先が遠隔地にある。

勤務形態と経験（退職者は在職時の情報）について，全106件のうち，「自営業」が21％（22件），「常勤」が40％（42件），「非常勤」が39％（41件）を占める。また，「20～30代」ではほとんどが「常勤」（19件中14件）であるが，「40～50代」，「60代以上」では，「非常勤」，「自営業」の割合が高くなる（図2-2-5）。

また男性67事例中25事例，男性50歳以上44事例中21事例が建設業従事者もしくは経験者である[注1]（表2-2-1）。つまり，男性の3人に1人，50歳以上の男性の2人に1人は建設業従事者である。この50歳以上で建設業の21事例のうち，非常勤で既に退職した者が8事例，自営業で就業中の者が4事例である。つまり，50歳以上の建設業従事者は退職した非常勤，もしくは就業中の自営業が多いということである。ここで，男性で既に退職の20事例のうち，

2節　都市近郊地域の就業構造

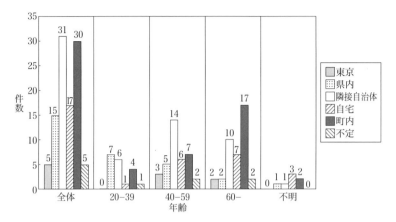

図2−2−4　年齢別に見た勤務先

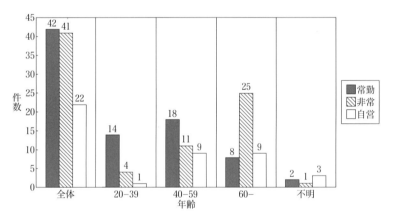

図2−2−5　年齢別に見た勤務形態

非常勤は12事例であり，さらにそのうち建設業は7事例である（就業中で非常勤の建設業は3事例に留まる）。かつては農閑期に出稼ぎで建設業に従事した経験者が多く，その後，退職した者も多いが，一部は現時点でも町内の建設業に非常勤で勤め，建設業関係の自営業を起業しているのである。出稼ぎの経験がその後の建設業従事の素地となる。また，建設業以外で既に退職の業種は，「運送業」，「行商」，「小売業」などの職種である。一方，男性の20～40代では，建設業の割合は減り（4事例でいずれも親世代が始めた自営業に従事），常勤の「事務職」，「運送業」が多い。女性においては，工業団地，小売業の非常勤が目立ち，常勤の事務職は30代で3事例である。さらに男女とも空港関連業種への勤務，工業団地への勤務が見られる。

つまり，高齢世代[注2]が1950年代，出稼ぎ等，農閑期に限定された建設業を中心とする兼業に従事し，高齢世代ではこの経験や技術，人脈を活かして建設業に関わる自営業を始め，近隣の建設業に勤め直すなど，現在でも継続的に従事している。

これは，かつて求められた農繁期の労働力確保を優先する兼業形態である。兼業を優先する現在でも建設業が多い理由は，こうした経緯にある。さらに，若年世代においては，遠隔地（成田市，佐原市以遠，都内等）での常勤の事務職が多い。これらの層は，自治体やJA等町内に勤める常勤の事務職とは異なり，かつてのように農繁期に農業を手伝うことを職業選択の際の条件とはせず，したがって職場の近接性より職業の内容や安定性を重視する傾向がある。

(2) 世帯の基本属性と類型化

次に農業と兼業の関係を見るため，農家の属性を整理する（表2-2-2）。つまり，a）農地の所有の有無，b）農産物の出荷の有無，c）農業の主たる担い手の属性，から農家の類型化を行う。

2節　都市近郊地域の就業構造

表2-2-2(1)　農業・農地から見た住民の類型化

類型	本家・分家・転入	全耕作規模	畑地耕作規模	水田耕作規模	出荷	規模変化	祖父世代	祖母世代	父世代	母世代	子世代	子世代
2世代農業従事型	転入（開拓）	56	56	0	甘藷・人参・トマト・大根	拡大	—	—	農業	農業	農業	
	本家	47	37	10	甘藷・水稲・人参	拡大	農業	農業	農業／土建・非	JA（正・隣）	教育サービス（正・県内）	
	本家	33	30	3	甘藷・人参・大根	拡大	農業	農業	農業	農業	農業	医療（正・隣）
	本家	22	8	14	甘藷・水稲	縮小	農業	農業	土建・非→農業・病気	—	—	—
高齢世代農業従事型	本家	37	25	12	甘藷・水稲	拡大	土建・非→農業	農業	会社員（正・隣）			
	転入（開拓）	33	19	14	甘藷・水稲	—	農業「警備・非」	農業	飲食サービス（正・県内）	福祉（非・隣）		
	本家	20	10	10	甘藷・水稲	なし	農業	農業	会社員（正・東京）	会社員（非・隣）	会社員（正・隣）	
	本家	28.3	6.3	22	甘藷・水稲	拡大	土建（非・町内）農業・定年		会社員（正・隣）	主婦		
	本家	11.1	3.5	7.6	甘藷・水稲	不変	「運送（非・船橋）」→農業・定年	農業	運輸業（正・東京）	会社員（非・隣）		
	分家	12	6	6	甘藷・水稲	拡大→縮小	土建（非・隣）	「清掃非・隣」→農業・定年	会社員（正）→会社経営（正・隣）	主婦	荷卸（正・隣）	
	本家	12.6	6	6.6	甘藷・水稲	—	土建（正・町内）農業・定年	農業	公務員（正・町内）	公務員（正・町内）		
	本家	26	12	14	甘藷・水稲	—	土建（正・町）農業・定年	農業	土建（正・町）	「販売業（非・隣）」		
	本家	19.5	11.8	20.3	甘藷・水稲	縮小	土建（非）→土建自営	農業	土建（自営）	会社員（正・隣）		
中年世代農業従事型	本家	35	5	30	水稲・落花生	拡大	—	—	「土建（非・町内）」→農業	「工員（非・町内）」		
	本家	8.8	1	7.8	水稲	縮小	—	農業→無職	農業「高齢者派遣」	農業→工員（非・町内）	会社員（正・隣）	製造業（正・町内）
	本家	14	9	5	甘藷・水稲	縮小			運輸業（正）→「荷卸・非・隣」			
	本家	6	1	5	甘藷・水稲	縮小			「会社員（非）」→農業			

▓ 隣接自治体以遠へ勤務　「　」主として農業に従事し勤務　非：非常勤職員
隣：隣接自治体へ勤務
▨ 土建業に従事　正：常勤職員　県内：隣接自治体以外の県内勤務
注：耕作規模の単位は10a

2章　都市近郊地域の荒廃

表2-2-2(2)　農業・農地から見た住民の類型化

類型	本家・分家・転入	全耕作規模	畑地耕作規模	水田耕作規模	出荷	規模変化	祖父世代	祖母世代	父世代	母世代	子世代	子世代
農産物非出荷型	分家	3	3	0	―	縮小	土建(自営・町内)	土建(自営・町内)	―	―	―	―
	分家	3	3	0	―	縮小	農業→「警備」(非・町内)	農業→無職	会社員(正・東京)	(非)	工員(正・隣)	―
	本家	2	2	0	―	縮小	農業→運送自営業	農業→無職	運輸(正・非)	会社員	―	―
	分家	0	0	0	―	縮小	土建(正・町内)	―	会社員(正・隣)→自営業・修理	自営業・修理	―	―
	分家	0	0	0	―	縮小	大工→土建(自営)	農業→ゴルフ(非・隣)	土建(自営)	土建(自営)	―	―
	分家	0	0	0	―	縮小	土建(自営)	―	土建(自営)	―	―	―
	分家	1	1	0	―	縮小	会社員(正・東京)	―	運輸(正・県内)	会社員(非・隣)	―	―
	分家	0	0	0	―	縮小	―	―	土建(非・県)	工員(非・町内)	―	―
	分家	0.2	0.2	0	―	縮小	会社員(正・東京)→死去	無職	―	―	―	―
農地非所有型	分家	0	0	0	―	―	―	サービス(自営)	―	―	―	―
	分家	0	0	0	―	―	大工→工務店(自営)	工員(正・町内)→定年	営業(正・県内)	店員(非・町内)	―	―
	分家	0	0	0	―	―	運送自営業→サービス(自営)	小売→サービス(自営)	会社員(正・隣)	会社員(正・隣)	―	―
	分家	0	0	0	―	―	―	主婦	小売(自営・町内)	小売(自営・町内)	―	―
	分家	0	0	0	―	―	―	―	工務店(自営)	工務店(自営)	―	―
	分家	0	0	0	―	―	大工→工務店(自営)	店員(非・隣)→工務店(自営)	―	―	―	―
	分家	0	0	0	―	―	―	―	土建(正・県)	サービス(自営)	―	―
	転入	0	0	0	―	―	―	―	小売→運輸(非・隣)	会社員(非・町内)	―	―
	転入	0	0	0	―	―	―	―	運送自営業(県内)	会社員(非・隣)	―	―
	転入	0	0	0	―	―	―	宿泊(非・隣)	会社員(正・県内)	会社員(非・町内)	―	―
	転入	0	0	0	―	―	無職	無職	運送業(正・隣)	―	―	―
	転入	0	0	0	―	―	無職	無職	―	会社員(非・町内)	―	―
	転入	0	0	0	―	―	会社員(正・東京)→無職	無職	―	―	―	―
	転入	0	0	0	―	―	―	無職	公務員(正・県内)	公務員(正・県内)	―	―
	転入	0	0	0	―	―	卸売(正・東京)→卸売(非・東京)	無職	―	―	―	―

■：隣接自治体以遠へ勤務　「　」主として農業に従事し勤務　非：非常勤職員
隣：隣接自治体へ勤務
////：土建業に従事　正：常勤職員　県内：隣接自治体以外の県内勤務
注：耕作規模の単位は10a

(i) 2世代農業従事型

 2世代がともに主に農業に従事し，商品作物を出荷している。本家層が3世帯，開拓による転入が1世帯である。耕作規模は2.2haから5.6haの間に分布し，水稲，カンショだけでなく，ニンジン，ダイコン等の野菜も出荷し，専業的に農業を継続する層である。専業的な農業のため，農地を購入，賃借し，拡大してきた農家が多い。このうち2世帯は，親世代は学業修了時から農業だけに従事し，子世代男性も農業のみに従事，もしくは農業の傍ら農閑期の非常勤職（建設業）に従事する。

(ii) 高齢世代農業従事型

 高齢世代のみが農業に従事，商品作物を出荷している。本家層が7世帯，分家，開拓による転入が各1世帯である。耕作規模は1.1haから3.7haに分布し，出荷作物はカンショと水稲である。つまり，高齢世代が主として農業を営み，中年世代は恒常的勤務者で，農業は手伝い程度である。農業に従事する親世代が高齢化しても子世代が農作業に参加するため，耕作規模は縮小しない農家が多い。高齢世代男性は，農業を主としながら非常勤職（建設業，警備業，荷卸業）にも従事するか，もしくは，かつては農業に専業的に取り組むが，常勤職（建設業），自営職（建設業）に従事する。また，高齢化により，兼業をやめるか，農業を縮小し非常勤の兼業を始める事例もある。中年世代男性は常勤の会社員として勤務する事例がほとんどであるが，自営業を始めた世帯も2事例ある。

(iii) 中年世代農業従事型

 中年世代が農業に従事し，商品作物を出荷している。本家層が4世帯である。耕作規模は0.6haから3.5haで，出荷作物はカンショ，水稲が中心である。すなわち，親世代は高齢化により既に死去もしくは農作業をやめ，中年世代が兼業の傍ら農業に従事するか，農業のみに従事する。耕作規模は，非常勤の建設業を辞めて拡大し

た1世帯を除き，縮小している。高齢世代が死去し，単身で農業に従事する2世帯，もともと高齢世代とともに専業的に農業を行うが，高齢世代が農作業をやめたため，農外勤務を新たに始める，あるいは今までの勤務をやめる世帯が，1世帯ずつ見られる。つまり労働力が不足し，農外勤務か農業どちらかを選ぶことにしたのだ。

(ⅳ) 農産物非出荷型

もともとは農地を所有していたが，調査時点では商品作物を出荷していない。本家層1世帯を除き分家層8世帯である。耕作規模は0〜0.3haで，すべて自家用野菜畑である。概ね分家層で，分家した際小規模な農地を取得したが，農外勤務を中心とする。農外勤務が中心のため，高速道路事業用地買収などを契機に小規模な農地はさらに縮小している。自営業に従事する世帯が4世帯，高齢世代から常勤に従事する世帯が2世帯，高齢世代が非常勤の傍ら農業を行うが，高齢化，家族の病気で縮小し，中年世代も常勤職に就き出荷をやめた事例が3世帯見られる。

(ⅴ) 農地非所有型

もともと農地を所有していない。分家層7世帯，転入層8世帯である。分家層は「農産物非出荷型」と異なり，もともと，農地を所有せず，分家当初から常勤もしくは自営業を営んでいる。調査時点では7世帯すべてが自営業を営んでいる。内訳は建設業が3世帯，小売，サービス業が4世帯である。転入層は，小売業を営む目的による同じ町内からの転入が1世帯である。一方，残りの世帯は町外からで，いわゆるミニ開発による分譲宅地を購入しての転入である。職業は，隣接市町村以遠での常勤，もしくは転入時からの退職者である。

2-2-3 空間の粗放化と開発事業

以上より，空間の粗放化と開発事業について，以下に整理する。

(1) 営業による粗放化について，自営業14軒のうち，3次産業・サービス業にあたる小売業，運送業7世帯については自宅敷地内で店舗を建設し，あるいは駐車場を敷地周辺に整備するなどの改変を行っている。一方，残りの2次産業，工業系の自営業7世帯はすべて建設業で，自宅敷地以外に資材置き場・廃棄物置き場を持つ事例が10カ所見られる。当該集落においても，前節同様に，建設業，自営業による粗放化が確認できる。

(2) 宅地開発では，いわゆるミニ開発が2カ所（4区画4世帯，6区画2世帯）で見られ，町外からの転入者の住宅が建設されている。また，集落北東部の山林域に計画住宅地があるが，全く住宅が建っていない。整理回収機構の債権取得履歴，東京の4社が8割の土地を所有すること，草刈りの状況から，不良債権として放棄された住宅地であることがわかる。登記簿によれば1.91ha，109筆が確認される。^{注3)}さらに当該住宅地では長年，管理が行われず（1980年に，宅地開発事業変更に関する工事検査済証が交付されている），1991年の台風21号で地すべりが起き，法面の一部が崩壊して下部の水田が埋まり，そのまま調査時点に至る。当該住宅地は，管理放棄された山林が土砂採集業者に売却されたのち，住宅地開発会社へ転売され，調査時点では，所有や管理という点で住民との関連はなくなっている。つまり，大規模な転入はないが，2個所のミニ開発と放棄された計画住宅地による粗放化が見られる。

(3) 高速道路事業については，東関東自動車道建設に伴い，農林地が買収されたが，主力作目であるカンショの高値安定の時期であり，補償費でさらに多くの農地を購入した農家が見られる。開発事業が耕作規模の縮小を招く事例もあるが，本集落ではむしろ規模の拡大を促進している。^{注4)}

(4) 不法投棄については，小規模な事例が5件確認される。放棄住宅地への不法投棄が2件，高速道路開発に伴う不整形地等の管理放棄地への不法投棄が2件である。本集落でも管理放棄地における不法投棄が確認される。

2章 都市近郊地域の荒廃

2-2-4 小括

(1) 農業と農外勤務の関係

世帯で見ると，本家を中心とする「2世代農業従事型」，「高齢世代農業従事型」，「中年世代農業従事型」から，分家を中心とする「農産物非出荷型」，分家，転入者を中心とする「農地非所有型」へと移るにつれ，「農業を優先する出稼ぎ等非常勤の経験がある」世帯員が減り，「農外勤務を優先する自営業，遠隔地勤務が多くなる」世帯員が増加する。

さらに，農業と農外勤務との優先度から，ⅰ) 農業中心の高齢世代の非常勤（主として建設業），ⅱ) 兼業中心の高齢世代の常勤・自営（主として建設業），ⅲ) 農業を高齢世代に依存する中年世代の常勤職（主として事務職）が，特徴的に見られる属性である。さらに，親世代の高齢化による世帯労働力の低下に際して，親世代もしくは子世代で，恒常的勤務を辞め耕作規模を拡大する，もしくは非常勤の農外勤務を始め耕作規模を縮小する選択が見られる。つまり，世代，過去の職業経験，本家，分家，耕作規模による農業と農外勤務の優先度に応じた選択が就業構造を形成している。農業経営の展望について，水稲作地帯では恒常的勤務が家計を安定させ若年層の同居と農作業への参加を可能にし，農地管理や労働力の確保を容易にする一方，畑作地帯では，農業における日常的な必要労働力が大きく，同一世帯員による恒常的勤務と農作業参加の両立は難しい。そのため専業的農家の拡大と小規模農家の自給化，離農の二極化が起きている。

(2) 自営業，建設業と分家層

都市近郊地域においても，農外勤務を見ると，建設業への従事，あるいはその経験（全体の4人に1人，男性の約3人に1人，50代男性の約2人に1人）が多い。背景には，地方の景気対策として公共事業が地域産業の主要な部分を占めていたことに加え，高齢世代で非常勤の建設業経験者が多く，この経験が建設業に勤務するあるいは自営

業を起こす契機となることが挙げられる。

　また建設業を含めた自営業全体を見ても，全就業者の約2割を占め，自営業が多いことがわかる。なかでも「内部的混住化」とも言うべき分家による混住化が多い。これは，安定的兼業が一般化する以前の1950～1960年代には，本家層は農業を中心として不安定兼業に従事するが，一部の分家層では農地も少なく自営業を始めざるをえなかったためである。これは一方では自営業を始められることのできるまでの需要が，周辺の都市にあり，職がなく他地域へ転出せざるをえない状況ではなかったとも言える。これらを背景に，分家による散発的な新規の住宅建設と，建設業を含めた自営業による集落域の粗放化が確認されるのである。特に後者は，1節の事例と同様に確認される。

　特にこれらの現象は旧集落域ではなく開墾域で確認される。農地の価値が低下した時には，生産調整域としての開墾域から粗放化が始まる（これは1節のX集落でも見られた現象である）。

章のまとめ

(1) 都市近郊地域における粗放化と産廃問題の発見

　中山間地域では，主として担い手不足により管理放棄が広がっているが，首都圏の都市近郊地域においても，管理放棄および小規模で散発的な産廃や残土の堆積（都市的利用）が広範囲に進行し，林地だけでなく，農地や宅地にも広がる。特に，マスコミでは，中山間地域における大規模な処分場が取り上げられ注目されるが，こうした首都圏の都市近郊地域に小規模な分散的で違法な産廃の堆積の実態を明らかにできた。特に同一集落内においては，林地や元林地を多く含み，また農地としての歴史が浅い戦後の開墾域が，粗放化の深刻な区域である。つまり伝統的地域社会や先祖のしがらみが少ない区域が荒れ，旧集落ではこうした関係や「しがらみ」が粗放化を抑止している。

2章　都市近郊地域の荒廃

(2) 粗放化と産廃問題の発生する構造

　これまで集落社会を変えてきた現象として，生活の近代化，大規模な開発事業が論点となってきた。しかし，開発事業，職業の都市化（特に建設業・自営業等）が，農業担い手の高齢化と並行して緩慢に集落社会を変質させ，都市的利用や管理放棄の要因となる。なかでも，内部の建設業者，自営業者による事業用地の確保による都市的利用が要因の一つである。しかし，周辺市町村の都市化により外部の建設事業者が事業用地を農村に求め，所有者や管理者となることが都市的利用の最も大きな要因である。

　産廃・残土に関わる土地は，事業所や資材置き場が変移する場合，産廃専門事業者が，直接，農林地を利用する場合の2種類の経緯に分けられる。産廃の所有や管理に関わる者の多くは，住所不定や多重債務者，単身障害者であり，地域の貧困問題と深く関わる。

　法規制が，農山村における産廃など都市的利用を想定していないこと，産廃については，自治体の予算や人員の不足により小規模な事案まで手が回らないことが課題である。

(3) 地域社会の就業構造

　都市近郊地域においては，建設業化，自営業化が進行している。その要因として，高齢世代による出稼ぎの経験，農業を兼業に優先する時代に日雇いは農家にとって都合の良い就業形態であったこと，農地がない分家層の就業先として，都市に近く建設業，自営業が成立できる需要があることが確認できる。

注釈
注1） 本書では，土木，建築，造園分野の建設業に関わる業態を建設業もしくは土建業と表記する。
注2） 本節では，便宜上，40歳未満を若年世代，40歳以上60歳未満を中年世代，60歳以上を高齢世代と表記する。通常，高齢者といえば65歳以上を指すが，調査時点における常勤職の定年が一般的に60歳であることから，このような区切りとした。

注3) 先行研究である文献13)によるデータを使用する。
注4) 農地を売却した代金でさらに安い代替農地を取得する現象は，たとえば文献14)のような研究がある。一方，開発事業が農業の縮小を促進する現象については，たとえば文献15)のような研究がある。

参考文献
1) 後藤光蔵：兼業深化の現段階と経営委託農家の形成，農業経済研究，46(1), pp. 37-48, 1974
2) 田代洋一：労働市場と兼業農家問題の現局面，農業経済研究，51(2), pp. 63-71, 1979
3) 中村民也，青木志郎ほか3名：都市近郊農村における地域計画に関する研究その4，日本建築学会学術講演梗概集，52, pp. 1239-1240, 1977
4) 三国政勝，中村攻：新旧住民の住意識解析を通してみた地域住環境の問題点，日本建築学会計画系論文報告集，361, pp. 87-95, 1986
5) 加藤仁美，坂本紘二ほか：都市化する近郊農村の生活構造と地域計画に関する基礎的研究2（その2），日本建築学会学術講演梗概集，pp. 1125-1126, 1976
6) 藍澤宏，楠本明宏：大都市近郊地域の土地利用変容からみた宅地化動向に関する研究，日本建築学会計画系論文報告集，435, pp. 59-68, 1992
7) 三国政勝：市街化調整区域の土地利用変化の実態と問題点，524, pp. 185-190, 1999
8) 蟹江好弘，川上光彦ほか：ラーバンエリアの計画課題と計画技術に関する研究，ラーバンエリアの諸相とラーバン像（ラーバンエリア研究グループ編）所収，2003
9) 岩田俊二，荻原正三：スプロール対応型集落土地利用構想の問題点，日本建築学会学術講演梗概集，E, pp. 895-896, 1987
10) 鎌田元弘，土肥博至：混住化の受け入れ側の条件としての「むら柄」の検討，日本建築学会計画系論文報告集，407, pp. 119-128, 1990
11) 鎌田元弘，土肥博至：集落の類型化による混住化の適合性の評価，日本建築学会計画系論文報告集，420, pp. 49-56, 1991
12) 鎌田元弘：大都市周辺地域の混住化類型とその計画的課題に関する考察，375, pp. 104-113, 1987
13) 吉田友彦，齋藤雪彦：放棄住宅地の立地と土地所有構造分析，都

市計画論文集,40(3), pp.739-744, 2005
14) 松村久美秋・中村攻ほか3名:都市農業保全の視点に関する考察,日本建築学会学術講演梗概集,49, pp.1011-1012, 1974
15) 城谷豊・深川忠志:地域開発における農家の対応について,日本建築学会学術講演梗概集,51, pp.1133-1134, 1976
16) 齋藤雪彦,吉田友彦:都市近郊集落域における地域住民の就業構造に関する基礎的研究,日本建築学会計画系論文集,609, pp.53-60, 2006

3章　農山村地域の余暇活動，つきあいの変化

章のはじめに

空間管理の再生を考える際に，必要な視点として，管理の対象である空間だけでなく，その担い手が挙げられる。さらには，その担い手によって形づくられる地域社会についても目を向ける必要がある。たとえば，1章のヒアリング調査において「なぜ耕作地を荒らさないのか」との問いに対して，多くの農家が地域社会での立場，すなわち世間体を理由に挙げている。つまり空間管理の持続には，地域社会のあり方も大きく関わる。そこで，本章では，地域社会の実態，変容を明らかにすることを試みる。

農村では，テレビやインターネットにより都市との情報格差がなくなる一方，伝統的なコミュニティの仕組みや濃密な人間関係のあり方が残る。人情味あふれる農村とは私たちの共通認識でもあり[注1]，農村計画学においても農村コミュニティの伝統的な精神性を前提とする議論は多い[注2]。しかし，筆者は，都市近郊地域における「空間の都市化（粗放化）」（前章）を調査しながら，農村地域（特に都市近郊地域において）で「空間の粗放化を抑止する伝統的な精神性が希薄になる状態」，つまり「心の都市化」が起きていると考えた。

生産や生活の共同性が衰退しただけでなく，「コミュニケーションの希薄化」が進行していて，これを前提とした計画論も同時に求められると考えた。計画系の学会では，「コミュニケーションの希薄化は克服すべき課題（悪）で，共同性の再構築こそが解決策（善）である」という文脈による議論が多い[注2]。しかし，コミュニケーショ

3章　農山村地域の余暇活動，つきあいの変化

ンの希薄化が進行する現在では，こうした方向性は，よくあるまちづくり活動など少数の賛同者による先進事例を生むことはあるが，筆者には，多数の人々から賛同を得られるとは思えない。

　本章では，都市近郊地域における余暇活動，およびこれと重なりが大きい交流活動（いわゆるつきあい）^{注3)}に着目し，余暇活動，交流活動の特徴を見ながら，農山村において個人化と孤立がどの程度進行しているのかを明らかにする。

3-1　現代社会における個人化と孤立

　現代社会，特に都市において，コミュニティの形骸化やコミュニケーションの希薄化が言われてきた。近年ではこうした状況はさらに進行し，社会的孤立が課題となっている。高齢者の孤独死問題，行方不明高齢者問題，主婦の孤立と児童虐待，若者のひきこもり，子どもの遊び集団の縮小など年齢階層を超えて，孤立に関連した問題の提起は広がりを見せている。マスコミにおいても，こうした社会現象を総合的にとらえ「無縁社会」等の造語で問題提起がなされている^{注4)}。

　菅元総理大臣は所信表明演説において，「「孤立化」という新たな社会的リスク」に言及している。特に首都圏では，他人になるべく関わらないことがマナーとなっていて，街角や電車内，店内で，見知らぬ人同士が，行く手を譲るなど些細なことでは，声を掛け合うこともなく，無言で対応する場面を見ることが多くなってきた^{注5)}。

　2011年3月11日に起きた東日本大震災とその後の原発事故を契機に，マスコミ等で被災地において地域の結びつきや地域コミュニティの大切さが言われるようになった。その一方で，首都圏を中心に起こった震災直後の物資の買い占めが問題となったが，これは，地域とのつながりを持たず助け合う友人を持たない人々による自衛行為と見るべきであり，「無縁社会」を改めて再認識させた現象であった。

個人の自立や他者の尊重を前提とする西欧の個人主義が，日本では利己主義と誤解され容認されてきた。また，人権を尊重する考え方が一般的となり，封建性を含む伝統的な共同体のあり方に対する拒否感が顕著となり，こうした背景から他者との共同的活動にまで不自由を感じるようになった。さらに，個人の生活を支える消費社会システム（各種宅配サービス，24時間営業のコンビニエンスストア，携帯電話，インターネット）などにより，日常生活で，他人と関わらずに，1人だけで，あるいは家族だけで生活することが可能となり，実際こうしたライフスタイルが一般化した。つまり，こうした「生活の個人化」の進行が，社会的孤立の問題の要因として挙げられる。

　また，年功序列に代表される「伝統的な価値観」から，「民主的，平等主義的な価値観」へと変化する中で，価値観の相違，敬語の使用方法，人との関わり方の原則さえ，千差万別となった。望まれるコミュニケーションの作法が相手によって異なり，結果として，時には不快を感じ，時にはコミュニケーションが億劫となり，あるいは精神的に疲労することも起こる。同時に，これまでの「伝統的な価値観」に代わる社会的連帯の根拠が不在なことも社会的孤立の問題の要因として挙げられる。

　工場内作業などにおける派遣労働の一般化，グローバリゼーションによる企業間競争の激化，成果主義の浸透により，働く場においても，①組織への帰属意識が低下し，結果として社会への帰属意識が低下したこと，②ストレスの多い労働環境で働く者が増加し，地域でコミュニケーションを持つ精神的，物理的余裕がない者が増加したことも，社会的孤立の問題の要因として挙げられる。

　なお，ここで「狭義の孤立」は，ある個人が，誰ともつきあいがなく社会から切り離された状態，福祉分野で問題とされる孤立死の背景となる「社会的孤立」を指し，後述の「広義の孤立」よりも一般的な概念である。「広義の孤立」は，ある個人が，特定の者，たとえば家族や一部の友人などとは限定的につきあうが，地域社会など社会集団からは切り離された状態を指す。こうした「広義の孤

3章　農山村地域の余暇活動，つきあいの変化

立」には，多くの大都市の住民が該当すると考えられる。さらに，家族や友人との疎遠に加え，失業，病気，家族の介護等の状況変化があれば，容易に「狭義の孤立」に陥る可能性を持ち，潜在的な社会問題であると言える。本章では，主に「広義の孤立」（以下，「孤立」と表記）を研究対象としている。

同時に本章では，「個人化」を，単独，もしくは家族で行動する傾向とし，「孤立」を，地域社会や友人とのつきあいや地域組織等への参加がない傾向とし，両者を区別している。つまり，「個人化」と「孤立」の関係について，生活全般に渡って「個人化」が進行すると「孤立」に至ると整理し，論を進める。[注11]

3-2　調査方法と調査対象地の概要

研究の方法は以下のとおりである。ヒアリング調査[注12]によって余暇活動，交流活動の特徴，個人化や孤立の要因を定性的に明らかにし，またアンケート調査によって，余暇活動，交流活動，個人化，孤立の地域間の差異を定量的に明らかにする。また，研究の仮説として，農村地域の中でも，まず首都圏の都市近郊地域において，個人化や孤立が進行しているのではないかと考えた。首都圏都市近郊地域としたのは，個人化や孤立の進行する首都圏の大都市地域と生活圏が重なることも多く，こうした都市住民の価値観や生活スタイルの影響を受けていると考えたためである。したがって，首都圏の都市近郊地域を対象地に，次いで中山間地域，大都市地域をそれぞれ対象地に選定し，地域間比較を行うこととした。

具体的な調査対象地域については，次のように選定した。

ヒアリング調査について，首都圏に位置する都市近郊地域として，筆者が地域づくりに関わっており自治体および地区の調査協力が得やすい千葉県君津市貞元地区を選定した[注13]。次に中山間地域との比較のため，過疎化高齢化が深刻であり，地域づくりに取り組み，自治体，集落の調査協力が得られた，静岡県静岡市梅ケ島地区大代集落

を選定した。調査時期は貞元地区が2009年，大代地区が2012年である。貞元地区は，10地区の自治会より成る約1000世帯の地区であるが，余暇のバリエーションがわかるように地域づくり組織と相談しながら人選を進め，14名に対するヒアリング調査を行った。大代地区は12世帯1自治会から成る地区であるが，悉皆ヒアリング調査を行い，調査拒否・不在を除く8世帯8名に対する聞き取りを行った。

アンケート調査[注14]については，都市近郊地域として，ヒアリング調査を行った君津市貞元地区とこれに隣接する周南地区を選定した。貞元地区では，主に余暇活動の詳細を見て，その後，問題意識が，個人化や孤立へと移り，他地域での調査を行ったため，アンケート票が他地域と若干異なる。したがって，貞元地区の結果は部分的に引用するに留める。

次に首都圏小都市における既成市街地として，貞元地区に隣接する君津市中野地区を選定し，また，大都市における既成市街地として，大学キャンパスに隣接していて，ある程度のアンケート票の回収が見込める松戸市三矢小台地区を選定した。さらに地方圏における大都市として札幌市を選定し，調査協力機関（北海道工業大学）の近隣でやはり調査協力の得られた既成市街地である金山地区を選定する。最後に，中山間地域として，ヒアリング調査を行った大代集落を含む連合自治会の範囲域である静岡市梅ケ島地区を選定する。調査時期は，君津市が2010〜2011年，札幌市，静岡市，松戸市が2011年である。取り上げる地区の範囲は，複数の自治会が集まる連合自治会単位とし，特に農村地域では，いずれも旧村単位とした。

なお，都市地域（松戸市三矢小台地区，札幌市金山地区，君津市中野地区）では，いずれも戸建て住宅地を主とする高度経済成長時代に形成された既成市街地であることも，調査対象地としての選定の条件とした。新しい集合住宅団地に比べると，自治会などの機能も残存し，農村地域に準じる条件を持つと考えたからである。中山間地域については，最寄りの市街地までの時間距離が1時間半以上の地域

3章　農山村地域の余暇活動，つきあいの変化

であり，これと研究機関からの交通利便性を抽出の条件とした。

それぞれの地域の表記とアンケートの回収状況を以下で整理する。

①松戸市三矢小台地区：首都圏大都市既成市街地，有効343票／有効回答率約20％（約1800世帯）

②札幌市金山地区：地方圏大都市既成市街地，有効397票／有効回答率約28％（約1400世帯）

③君津市中野地区：首都圏小都市中心市街地，有効444票／有効回答率約20％（約2300世帯）

④君津市周南地区：首都圏小都市都市近郊農村地域，有効794票／有効回答率約70％（約1100世帯）

⑤君津市貞元地区：首都圏小都市都市近郊農村地域，有効422票／有効回答率約40％（約1000世帯）

⑥静岡市梅ケ島地区：中山間地域，有効103票／有効回答率約60％（約170世帯）

また，都市近郊農村地域においては，地域とのつながりが強いと思われる旧住民，さらに旧住民のうちでも，よりつながりが強いと思われる販売農家においても，一定程度，個人化，つきあいの希薄化が進行しているとの問題意識から，新住民と旧住民に集団を分けて分析を進め，適宜旧住民のうち，販売農家の分析を行うこととした。同一自治体で複数の対象地がある君津市における回答者については，中野地区住民を，「市街地住民」，周南地区・貞元地区新住民を「新住民」，周南地区・貞元地区旧住民を「旧住民」，周南地区・貞元地区旧住民の販売農家を「販売農家」，中野地区を「中心市街地」，周南地区・貞元地区を「近郊地域」と表記し論を進めることとした。

なお，一般的に女性よりも男性の方が，地域社会において孤立しがちであるとの指摘も多い[注15]。本書では，男性に限定した分析を行う。女性に関する分析については今後の研究課題とするが，本研究を通じて得られた女性に関わる考察は後述する。

最後に，農村地域の家族構成について，中山間地域では，高齢者

のみの世帯が多く，未成年者が少ないことが一般的であり，都市近郊地域では，都市と農村の中間的な傾向を示す。こうした地域の家族構成の偏りがあることを前提として定量分析を行うこととする。ただし，アンケート回答者の年齢構成では地域による差異はあまり見られない。これは都市的地域の若年層に回答拒否が多いためであると考えられる。実際，自治体の年齢構成比から比べると，若年層の回答比率は低かった。こうした回答者の偏りも考慮に入れ分析を進めたい。

3-3　余暇・交流活動から見た生活像

(1) 都市近郊地域における生活像

ヒアリング対象者14名について，「主に，余暇を誰と過ごすか」によって，①単独型（2名），②家族型（4名），③組織・つきあい型（8名）に分類した[注16]。そして，まず，組織・つきあい型の各サンプルが，どのような組織へ参加，どのような人とつきあっているのかを整理し，余暇活動の詳細，生活背景，属性を，次に単独型，家族型の余暇活動の詳細，生活背景，属性を見て，生活の個人化（孤立）の要因を考察した（表3-1）。重要な知見に関わるサンプルを抜粋し，要約を記述する。

組織・つきあい型の活動の内容について，①地域組織活動への参加，②地域外組織活動への参加，③地域での友人とのつきあい，④地域外での友人とのつきあいについて，定常的に参加やつきあいがある（月1回以上）か，もしくは余暇の中心で楽しみであるなどと回答をした活動の組み合わせにより整理を行う。つまり，①主に，地域組織活動に参加するサンプルA，②主に，地域組織活動と地域外組織活動に参加するサンプルB，③主に，地域組織活動に参加し，地域での友人とつきあうサンプルC，D，④主に，地域組織活動と地域外の友人とつきあうサンプルE，⑤主に，地域外組織活動に参加するサンプルF，⑥主に，地域の友人とつきあうサンプルG，⑦

3章　農山村地域の余暇活動，つきあいの変化

表3-1　ヒアリング記録の概要（貞元地区）

サンプル名	余暇タイプ	年齢	職業	新・旧住民	同居家族	地域組織活動
A	組織・つきあい型	60代	退職・農業	旧住民	妻	地域づくり組織の中心となって活動，自治会活動も楽しみ（月1回以上）
B	組織・つきあい型	60代	退職	旧住民	妻，子，孫	各種地域組織の役員（合計で月数回以上）
C	組織・つきあい型	60代	退職・農業	旧住民	妻，子	寺役員，自治会→会話楽しい（月1，2回）
D	組織・つきあい型	50代	会社員等	新住民	妻，子	地域づくり組織に所属楽しみ（月1，2回）
E	組織・つきあい型	50代	会社員等	旧住民	妻，父母	地域づくり組織月1回以上
F	組織・つきあい型	50代	農業	旧住民	妻，母，子	自治会など最低限
G	組織・つきあい型	30代	会社員等・農業	旧住民	妻，子，父母	自治会など最低限（過去に経験あり）
H	組織・つきあい型	60代	退職・農業	旧住民	妻・父	自治会最低限
I	単独型	40代	会社員等	旧住民	母	自治会最低限
J	単独型	50代	会社員等	旧住民	妻，子，父母	自治会など最低限（過去に経験あり）
K	家族型	40代	会社員等	新住民	妻，子	自治会など最低限（過去に経験あり）
L	家族型	30代	会社員等・農業	旧住民	妻，子，父母	自治会など最低限（過去に経験あり）
M	家族型	40代	会社員等	旧住民	妻，子	自治会など最低限
N	家族型	40代	会社員等	旧住民	妻，子，母	青少年相談員，農家組合，自治会など，合わせて年数回

注：灰色の塗りつぶしは，余暇の主たる活動を示す。

主に，地域外の友人とつきあうサンプルHに整理できる。
　さらに，単独型としてサンプル I，J，家族型としてサンプルK，L，Mを取り上げる。

(i)　サンプルB（地域組織・地域外組織へ参加するタイプ）
　サンプルBは，60代の旧住民，退職者であり，妻，子，孫と同居する。旧住民であるが，農地は貸与しており，耕作は行っていな

地域外組織	地域つきあい	地域外つきあい	単独・家族余暇	総合評価・コメント
特になし	同じ集落の人と満遍なくつきあう	元同僚と食事会	農業, 日曜大工など	地域づくり組織が余暇の中心
同窓会役員, 趣味の会の役員 (合計で週2回以上)	普通につきあうが組織活動が中心	組織活動中心	水泳, ウオーキング, 環境整備, 温泉	地域内外の組織活動に積極的かつ個人の活動も多彩
JA部会など	農業に関して情報交換, 作業手伝い (毎週)	元職場の仲間 めったにない	家族で買い物, 健康ランド	地域組織活動, つきあいも楽しみでやる
特になし	特になし	ご近所で飲み会→楽しみ (月1回)	ジョギング, 飲酒	通勤・労働時間が長いがつきあいが楽しい
福祉団体に年数回	特になし	職場・福祉団体関係で月1回以上飲み会	個人で音楽鑑賞, 演奏, ペット, テレビ	職場でのつきあいと地域組織活動が中心であるが, 個人での趣味も多彩である
農業関係団体の研修・飲み会など月2-3回	たまに同級生と会う	特になし	家族で買い物	専業農家で農業が多忙であり, 農業関係の集まり・飲み会が余暇の重要な位置を占める
特になし	元消防仲間・近所の仲間と月1回以上飲み会	趣味の仲間2月に1回程度会う	家族で買い物・ドライブ, 個人で車の趣味	元消防団や近所の仲間と頻繁に交流している, 地域組織活動も機会があればやる
特になし	元消防仲間と釣り (年数回)	元同僚・同級生とゴルフ (月1回以上)	テレビや農業の研究	農業中心の生活だが, 地域内外の仲間と活動
特になし	同級生と年数回飲み会ぐらい	特になし	読書, テレビ, 音楽, 資格勉強, ジョギング, 買い物, ドライブ	独身で, 妻帯者とライフステージが異なることもあり, 個人での活動中心
特になし	現在は特になし (過去に経験あり)	同僚とたまにパチンコ	パチンコ, ゲーム, テレビ	仕事だけでなく介護, 家事に追われ, 細切れの余暇を個人で過ごす
特になし	特になし	元同級生と年2, 3回出かける	日曜大工, 機械整備, 家族で公園, 買い物	職場の人間関係にストレスを感じることがあり, 転職経験有り, 個人の活動を充実させる
特になし	たまに元消防仲間と家庭を行き来	年4, 5回元同級生と行き来する	家族で買い物・ドライブ・近所で子どもの相手	親と同居で地域とのつながりを親任せ, 同年代が少なく参加しづらく, 家族中心で活動
特になし	元同級生, 消防仲間と合計して年数回飲み会	特になし	家族で買い物・ドライブ, 個人でテレビ・飲酒	組織・つきあいには家族の理解が必要, 家事・育児を分担, 家族サービスもあるので家族中心で活動
特になし	特になし	職場の飲み会月1回程度	家族で買い物, 図書館, 公園	家族を犠牲にしてまで, 地域組織の活動をできない, 家族が楽なので家族中心で活動

い。退職者のため，平日と休日において余暇の差異はない。地域コミュニティセンターの役員，公民館分館役員，小学校の評議員，農家組合役員，地域づくり組織の役員，地域イベントの実行委員会委員などさまざまな地域組織の役員などを務め，毎日のようにこうした組織の事務作業や会合がある。また，地域外組織として，高校の同窓会関係の組織，詩吟サークルを束ねる上部組織の役員を務めている。「頼まれると断れない性格だが，やってみると面白い」，「地

3章 農山村地域の余暇活動,つきあいの変化

域の将来が心配。子どもたちが,帰ってきたくなる地域を何とかしてつくりたい」との発言があり,特に地域組織に対して,興味と問題意識を持ち活動する。一方,個人で,ウオーキング,水泳,川の美化活動などを行い,妻と温泉めぐりをするなど,個人や家族でも余暇を過ごしている。

このように,組織活動への参加やこれに付随する事務作業が,生活の中心にあり,地域内外の友人との個人的つきあいはあまりないが,組織活動やこれに付随する懇親会などを通じて,友人とのコミュニケーションを行っている。また,サンプルBは,地域組織を中心的に運営する層の典型的な事例であると考える。

(ii) サンプルF(地域外組織へ参加するタイプ)

サンプルFは,50代の旧住民で,専業農家であり,妻,母,子(20代)と同居する。専業農家であり,年間を通じて各種野菜をスーパーなどに出荷するため,多忙であり,まとまった余暇は,休日である日曜日の約半日のみである。平日の余暇は,テレビ観賞か休養,もしくは月2,3回ある農業関係団体(君津市を範域とする)の研修が終わった後の懇親会が,主な「楽しみ」,「息抜き」である。休日の余暇は,テレビ観賞か新聞の閲覧,妻とショッピングなどで過ごす。専業農家は農作業の労働時間が長いため,自治会など地域組織への参加は年に数回,その他,地域の友人と道で行き会い世間話をしたりするのが月1回程度である。

つまり,地域で専業農家は少ないため同じ立場で悩みや問題意識を共有できる友人が少なく,そのため,地域外組織で同業者(専業農家)と情報交換し交流することが,主な「楽しみ」(余暇活動)である。兼業農家との関係については,農家全体の数が少なくなり,また,それぞれの農作業従事者が単独で,軽トラックに乗って農地に移動する上,兼業農家の農作業時間は短く時間帯も合わないので,農地で行き会い,世間話をすることもまれである。つまり,①地域において,総農家人口,特に専業農家人口が減少したこと,②土曜

日，日曜日で主に農作業をする兼業農家と，主に平日に農作業をする専業農家とでは，作業の時間が合わないこと，③農業の個人化（車での移動，共同での作業や集まりの減少），により，農家の生活の個人化が起きていると推察される。

(iii) サンプルG（地域の友人とつきあうタイプ）

　サンプルGは，30代の旧住民，会社員であり，妻，父母，子（小学生が2名）と同居している。自給農家であるが，普段の農地管理は父母が，機械作業は休日に本人が行っている。市内の学校を卒業後，君津市内に就職し，現在に至る。平日の余暇は，帰宅後の飲酒，家族との団らん，テレビ観賞などである。休日は土日で，どちらか1日は農作業に充てている。休日の余暇には，消防団のOB（約10人）と互いの家を行き来して飲み会を行ったりもする（週1回から月1回程度）。「消防団の活動は楽しかった，いろいろな友人と知り合えた」との発言があり，サンプルL，Mのヒアリング記録と合わせると，消防団が，若年層の友人の形成に重要な役割を果たしていることが推測される。農村地域の特徴として特筆すべき点である。また，家族で買い物やドライブに行ったり，地域外の趣味の仲間（自動車競技）と飲みに行くこともある。しかし，余暇活動の中心は，地域の消防団OBとのつきあいである。調査時点では，地域組織活動への参加は自治会の常会など「最低限」であったが，消防団活動を通じて，地域内に人間関係が形成され，地域組織活動への今後の参加の可能性がある。また，サンプルGは，旧住民のうちでも，地域である程度の人間関係を形成し，地域でのつきあいを楽しむタイプであると言えよう。

(iv) サンプルH（地域外の友人とつきあうタイプ）

　サンプルHは，60代の旧住民で，妻，父と同居し，近隣自治体にある会社を退職後，農作業中心の生活を送っている。平日の余暇は，テレビ観賞か，農業の勉強をしており，「余暇を特に意識しな

い」,「体を動かすのが好きだし,農作業は苦にはならない」,「農作業はリラックスできる」,「農業が余暇のようなもの」との発言があった。

休日の余暇は,地域外の友人とのつきあいが主たるものであり,月に2,3回,退職した会社の元の同僚や同窓生(地域外に居住)とゴルフをしている。地域組織への参加は「最低限」行っているが,「楽しいわけではない」との発言があった。地域内の友人とのつきあいについては,近所の友人と釣りに年に数回行く程度である。

旧住民であっても,高校や大学で地域外に転出し,地域外の勤務先に長く勤めると,主につきあう友人は地域外居住者となり,退職して地域を中心に生活するようになっても,地域の組織や友人とは疎遠であるという事例である。

(v) サンプルI (単独型)

サンプルIは40代の旧住民で,公務員であり,高齢の母(80代)と同居し,独身である。市外の学校を卒業して以来,市内に就職,地域に居住している。平日の余暇は,読書,資格の勉強,テレビ,音楽鑑賞など1人で過ごす。休日は土・日曜日であるが,農作業(水田8,9反)があり,また突然,仕事が入ることもある。休日の余暇も,近隣の散歩,ジョギング,自家用車で遠方まで出かけ買い物,ドライブ,写真撮影など1人で過ごす。

地域組織活動は,自治会に「最低限」,「義務感」で参加し,「若いころは,祭りも楽しかったが,最近はマンネリ化,飽きてしまって楽しくない」との発言があった。地域内と地域外の同窓生と合わせて年数回,飲み会を行うが,基本的には1人で余暇を過ごしている。

独身者は妻帯者とライフスタイルが異なるため(話題が合わない,子ども連れと余暇ニーズが異なるなど),周囲に同じ独身者(仲間)がいないと個人での活動が中心になる。また農村では「家」の継続性を重視するため,独身者は地域で肩身が狭く,既存の地域組織は居場

所となりづらい。

(vi) サンプルJ（単独型）

　サンプルJは，50代の旧住民で，会社員であり，妻，子（10代，20代），父母と同居する。東京で働いていたが約30年前に戻り，現在は，君津市内の会社に勤務し週休1，2日（土日）である。父の介護を妻と行い，また農作業を休日に行っている。平日，休日ともに余暇は，テレビ観賞，ペットの世話，インターネット，ゲーム，パチンコなど1人で過ごす。仕事や農作業が忙しく，さらに介護や子どもの送り迎え等があり，余暇時間が細切れとなる。つまり，まとまった余暇時間や人と会うなど決まった余暇時間を持ちにくく，個人での余暇活動が中心となっている。さらに，子が娘2人とも思春期を迎え，父（回答者）とあまり余暇を過ごさなくなっている。

　地域組織としては防犯協会に参加しているが，メンバーが高齢者中心のため「話が合わない」との発言があった。また，過去にはPTAの役員などをする時期もあったが，任期が終わると，それまでは，家庭内で免除されていた介護や家事を分担するようになった。以前は，消防団に参加し，またPTAの友人とカラオケ，居酒屋などにも定期的に行くこともあったが，現在は，こうしたつきあいは途絶えている。

　つまり，地域内にある程度友人はあるが，仕事，介護，家事が多忙なため，疎遠となった事例である。これは，介護や家事を家庭内で完結させ，また男性も応分の分担をする（かつては女性が主に分担していた）ことが，男性の余暇生活の個人化を促進している。ただし，これは逆に言えば，女性が家庭内労働を負担してきたことが，男性の地域での交流活動を成立させてきたと言うことができる。

(vii) サンプルK（家族型）

　サンプルKは，40代の新住民で，会社員であり，妻，子と同居している。隣接自治体の出身で，地域外の学校を卒業し，就職も東

3章　農山村地域の余暇活動，つきあいの変化

京であったが，人間関係，価値観の相違などから，約10年で転職し，実家が近い君津市に転入した．転入してからも人間関係などが理由でさらに転職を経験し，現在は市内で勤務する．平日の余暇は，子が幼児のため，家族で公園に行くことも多いが（週2，3回），日常的には，家具などの工作や自動車整備など（ほぼ毎日），1人で余暇を過ごす．休日（土・日）の余暇は，これに加え，家族での買い物が加わる程度である．不定期ながら，地域組織に参加することもあるが，「くたびれる」との発言もあった．人間関係にストレスを感じるタイプであり，単独であるいは家族との余暇時間を持つことで，このストレスを解消している．

　労働環境のストレスが，地域での組織活動への参加や友人とのつきあいを阻害している事例である．

(ⅷ)　サンプルL（家族型）

　サンプルLは，30代の旧住民で，会社員であり，妻，子（幼児2人），父母と同居している．地域外（東京）の学校に出たが，近隣自治体にある会社に就職し，地域に戻ってきた．平日の余暇は，テレビ観賞，パソコン，休養，新聞雑誌閲覧などで過ごす．休日の余暇は，東京，千葉方面までドライブや買い物に出かけたり，市内市街地の公園利用，近所で子どもの相手などで過ごす．

　自治会などには「最低限」の参加であるが，父が世帯主として参加しているので，特に問題がない．一方，自治会の行事について，「上の世代とはやはりギャップがある」，「上の世代ばかりで行きづらい」との発言があった．また3年前まで消防団に入っていて，「やりがいがあった」，「楽しかった」が，消防団の任期を終え，同年代とつきあう場がなく，「物足りない」との発言があった．また，地域の元消防団の友人や地域外の同窓生とは，それぞれ年約数回のつきあいがあるが，主には，家族で余暇を過ごす．

　高齢世代と異なり，若年世代では，多くの同窓生が地域から転出し，残った者や転出したのち戻った者は少ない．仲の良い者が地域

に残っている場合も少なく，さらには，地域には同年代につきあいを求めない者も一定程度ある。これらが地域組織への参加，地域での個人的なつきあいが少ない要因となる。つまり農村地域が抱える，「若年層の過疎」問題は，個人化を促進する要因の一つである。

(ix)　サンプルM（家族型）

　サンプルMは，40代の旧住民で，公務員であり，妻，子（幼児2人）と同居する。東京方面に就職し，約3年間勤務したのち，地元に戻ってきた。平日の余暇は，家族では，子どもの相手や団らん，1人では，飲酒やテレビ観賞などで過ごす。休日の余暇は，家族で，市街地の公園で遊ぶ（週1回程度），千葉方面に買い物に行く（月1回程度），また1人でパチンコをする（月1，2回程度），などである。

　自治会へは「最低限」の参加である。8年前まで消防団に参加し，「最初は面倒だったが，楽しくなった」が，任期を終えてからは，「人がいない，友人がいないというのがストレスになった」との発言もあった。

　地域の友人とのつきあいは，同窓生や元消防団の友人と年2回ほど飲み会を行う程度である。以前は，職場の同僚とゴルフをしていたが，子どもができ，育児が多忙で現在はやめている。

　この例では，地域組織への参加やつきあいに対して，「家族の理解が必要」，「家族サービスを優先する」との発言があった。農村地域での既婚男性の組織活動やつきあいは，従来，家事・育児・介護を女性が担う前提で行われていたが，現在は男女平等や家族で余暇を過ごすべき（過ごしたい），との考え方が一般化し，結果として，男性にとっては余暇生活の個人化の要因の一つとなっている。

　また同時に，同窓生が地域にいるが，職場や，卒業以降の生活環境が異なり，「世界が違う」，「話が合わない」との発言があった。同級生が同じ地域にいても，共有する時間，空間，価値観が希薄であると，つきあいは少ない。

3章　農山村地域の余暇活動，つきあいの変化

表3-2　ヒアリング記録の概要（大代地区）

サンプル名	余暇タイプ	年齢	職業	新・旧住民	同居家族	地域組織活動
O	組織型	50代	農業・建設業	旧住民	父母，妻，子	自治会前役員，自治会各種組織行事参加，飲み会参加
P	組織型	60代	林業	旧住民	母，妻	自治会役員，飲み会参加
Q	組織・つきあい型	30代	会社員	旧住民	父母，妻，子	自治会は父任せ
R	組織・つきあい型	80代	農業	旧住民	妻	自治会役員，まちづくり活動が楽しみ
S	組織・つきあい型	50代	農業，建設業	旧住民	母，妻，子夫婦，孫	地域組織役員，まちづくりの中心
T	組織・つきあい型	30代	農業	旧住民	父母，妻，子	地域組織参加，自治会消防団など積極的
U	組織・つきあい型	70代	農業	旧住民	妻	自治会の行事，飲み会は参加
V	組織・つきあい型	60代	農業，建設業	旧住民	父母，妻，子	自治会，地域組織各種役員

注：灰色の塗りつぶしは，余暇の主たる活動を示す。

(2) 中山間地域における生活像

　ヒアリング対象者8名について「主に，余暇を誰と過ごすか」によって分類すると，単独型，家族型は見られず，すべて，組織・つきあい型である。ヒアリング対象者の家族には単独型，家族型と思われる者もいたが，直接，話を聞くことはできなかった。

　また，組織とつきあいの組み合わせについて，①主に，地域組織活動に参加するサンプル（サンプルP，R，U），②主に，地域組織活動に参加し，地域の友人とつきあうサンプル（サンプルO，Q，S，T，V）に整理できる（表3-2）。前項と同様に重要な知見に関わるサンプルを抜粋し，要約を記述する。

(i) サンプルP（地域組織活動へ参加するタイプ）

　サンプルPは，60代の旧住民で，農林業に従事し，母，妻と同居する。調査時点では自治会長を務めており，地域組織活動へ積極的に参加し，「(自治的活動は，)地域の運営のために必要なことである」との規範意識を持ち，「家と土地を守るのが生きがいである」との伝統的な価値観を持つ。しかし，一方で「楽しみではない」，「そんなにつきあいが好きではない」との発言もあり，心からこれを楽しんでいるわけではない。実際，余暇の過ごし方を聞くと，1

地域外組織	地域つきあい	地域外つきあい	単独・家族余暇	総合評価・コメント
—	特定の友人と飲み会	—	—	地域組織中心の余暇、他には特になし
—	—	—	釣り,パチンコ	地域組織中心の余暇、1人で釣りをしたりもする
—	地域の知り合いと飲み会,スポーツ	—	家族で買い物など	地域組織は親任せであるが地域の個人的つきあいを楽しむ
—	お裾分け程度	—	写真撮影を少し	高齢化して交際範囲は狭くなったが、自治会や地域組織のイベントを楽しむ
—	飲み会,音楽サークルなど多彩	—	—	まちづくり活動を中心にしながら派生したつきあいを楽しむ
—	各種組織での友人と飲み会	市街地の飲み屋に常連として行く	—	地域組織、自治会に積極的、これから派生したつきあいも楽しむ
—	—	—	家族で買い物など,子世帯に会うなど	自治会活動にそれなりに楽しむが義務的気持ちもある
—	飲み会,音楽サークル	釣り仲間と釣り	—	地域組織にも積極的で、つきあいも仕事や地域、趣味関係と多彩に楽しむ

人でパチンコや釣りをすることが多い。この例では，本来，つきあいはあまり好きではないが，都市近郊地域や都市地域と違って，地域組織への不参加という選択肢がなく，規範意識に基づいて義務感から参加している。同時に，ある程度の意味も見出している。別の面から見れば，中山間地域では「そんなにつきあいが好きではない」人であっても，地域とのつながりを持ち，孤立することはないと言える。

(ii) サンプルS（地域組織活動，地域の友人とつきあうタイプ）

サンプルSは，50代の旧住民で，農業，建設業に従事し，母，妻，子夫婦，孫と同居している。大学生の受入を中心とするまちづくり活動の中心人物であり，自治会活動だけでなく，まちづくり活動にも積極的である。こうした活動を契機に，地域内だけでなく，地域外の人とも飲み会を行うこともある。また同時に，こうした組織活動とは別に，地域で有志を集めて，バンドを組んで練習し，また地域の知り合いとも飲み会を行う。平均すると月1回ぐらいは飲み会を行う。自治会活動は「義務と楽しみが半々」であり，むしろ，まちづくり活動やバンド活動などのような新しい活動や，それに伴うつきあいを楽しむ。自治会活動もこなし，自らの意志で積極的に

3章　農山村地域の余暇活動，つきあいの変化

つきあいを広げていく社交的なタイプである。

(ⅲ)　サンプルQ（地域組織活動，地域の友人とつきあうタイプ）

　サンプルQは，30代の旧住民で，会社員であり，父母，妻，子と同居する。自治会活動は同居する親任せだが，消防団活動に月1,2回，PTA活動に月1回程度参加する。余暇は，家族と買い物や川に行くなど，家族で過ごすことも多いが，地域の仲間（消防団，子ども関係）と家族ぐるみでつきあい，バーベキューや行楽に出かける。またこの他に，バレーボールやテニスの有志を地域で募り，毎週のように楽しんでいる。消防団やPTAには義務感もあるが，意味のあることであり前向きにとらえている。

　以上より，中山間地域においては，単独型，家族型は観察されず，地域組織に参加するのは当然のこととらえられている。都市近郊地域ではさまざまな選択肢（たとえば，地域組織には参加しないが地域のつきあいはある等）があるが，中山間地域においては，地域組織に参加し地域のつきあいをするかしないかの選択しか見られない。義務感が先行し，楽しみではないとの発言もあるが，活動に意義を見出し，前向きにとらえるサンプルは多い。また，つきあいが苦手だとの発言する者もこうした地域組織には参加しており，結果として余暇生活の孤立は見られない。

　また，若年層では，地域組織での活動を義務と感じながら参加するが，それを契機として友人を増やし，地域でのつきあいを楽しむ者もある。

　都市近郊地域では，地域組織活動，地域のつきあいのあり方に多様性が見られるが，中山間地域では，まず基本的に地域組織活動が個人の生活の中に存在している。この上に，他の活動が付加されていることがわかる。

3-4　余暇活動の特徴

本項では，まず，個人の生活における余暇活動の全般的傾向を見ていく。その後で，具体的な個別の余暇活動について分析する。

(1) 余暇活動の全般的傾向
(i) 余暇パターン

生活全般について「主に誰と余暇を過ごすか」の傾向を「余暇パターン」とし，①主に「1人」で過ごす「単独型」，②主に「家族と」，あるいは「1人で」，「家族と」の組み合わせで過ごす「家族型」[注17]，③主に「家族以外の人」と過ごす「集団型」，④①から③以外で「家族以外の人」と「1人で」，「家族と」の組み合わせで過ごす「混合型」，⑤仕事や農業が忙しくてあまり余暇がない，あるいは仕事や農業が余暇のようなものだと認識している「仕事・農業型」の5種のパターンを設定し回答を得た（図3-1，図中では，君津近郊新住民（周南地区，貞元地区）をそれぞれ「君津近郊新」，「君津近郊新2」，君津市近郊旧住民（周南地区，貞元地区）をそれぞれ「君津近郊旧」，「君津近郊旧2」，静岡市中山間地域（梅ケ島）を「静岡中山間」，君津近郊販売農家（周南地区，貞元地区）をそれぞれ「君津近郊販」，「君津近郊販2」と表記する。以下の図も同じ）。まず，「単独型」と「家族型」の合計の割合を見ると，松戸市街地，札幌市街地，君津市街地，君津近郊新住民，君津近郊旧住民で概ね7，8割になり，君津近郊の販売農家であっても6割前後，中山間で約6割である。一方，主に，友人や組織で日常的に余暇を過ごす「集団型」は，すべての地域・集団で，1割以下である。つまり，近郊農村地域，中山間地域であっても，旧住民であっても，また販売農家であっても，余暇の個人化が一般的になっている[注18]。理由を聞くと「家族サービスを優先したい」，「個人が気楽，自分の時間が大事」が，すべての地域・集団で合わせて約8，9割で，組織や友人の状況ではなく，個人の余暇に対する考え方による

3章 農山村地域の余暇活動，つきあいの変化

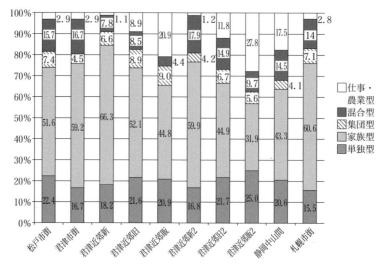

図3-1 余暇パターン

（データ割愛）。つまり，農村地域であっても，都市地域と同様に，友人，仲間と日常的に行き来，交流する習慣を持つ者は少なくなっていることがわかる。

(ii) 余暇パターンと年齢

単独型と家族型の合計について，20代以下の個人化が最も進んでいないことは共通している（データは割愛）。20代以下では，多くは未だ結婚をせず，学生時代の友人や職場の同僚と余暇を過ごすことが多いためである。

近郊旧住民では，60代，70代が20代に次いで低い。高齢層において特に，伝統的なスタイルとして家族以外の者と過ごす傾向が残存するためである。静岡中山間では，他地区に比べておしなべて単独・家族型の割合が低いが，特に50代，70代が20代に次いで低い。

近郊新住民では，「20代以下」以外では概ね8割以上であり，高齢層であっても，中年層と同様に個人化が進んでいると言える。

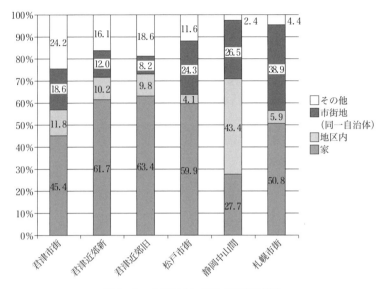

図3-2 余暇を主に過ごす場所の傾向

(iii) 余暇を主に過ごす場所の傾向

 「主に余暇活動を行う場所」について,「家」と回答する割合は松戸市街地約6割,君津市街地約5割,君津近郊新住民,旧住民で約6割,中山間で約3割である(図3-2)。近郊地域では都市部と同様に余暇を自宅で過ごす傾向が確認される[注19]。

 同じ君津市内で見るとむしろ市街地より近郊新住民,旧住民の方が「家」で過ごす割合が大きく,近郊地域の「家こもり」の傾向が読み取れる。

 また,主に「地区内」,「町内」と回答する割合を見ると,松戸市街地が4.1%,君津市街地,近郊地域新旧住民がいずれも約1割,中山間で約4割である。市街地では,生活圏が地区の範囲を超えるケースが多いことが予想されるので,1割以下となるが,君津市の近郊地域は,同市街地より地区の面積が広いにもかかわらず,都市部と同じように,地区内で余暇を過ごしていない。

 「その他」地域(実質的に市外と見なす)で過ごす割合は,君津市街

3章　農山村地域の余暇活動，つきあいの変化

地，近郊地域が約2割前後で，松戸市街地の約1割，静岡中山間の2.4％に比べ，小都市市街地，同近郊地域での余暇活動の広域化が確認される。

こうした結果は，職業，生活様式，情報等の面で農村地域が都市地域と似通っていることを示す。そのため余暇志向も現代的なもの（例：ゲームやテレビ鑑賞，パチンコやカラオケ，飲食物販施設の利用等）に変わってきたものの，市街地では徒歩圏にある余暇活動に対応した空間（公園や商業施設）が，近郊地域では近隣にないため，むしろ市街地よりも家や地区外で過ごす傾向が見られる。

同時にロードサイド店の進出などでこうした現代的な余暇活動が身近になったことも要因である。

つまり，農村地域では，かつては神社や畔道での雑談などに始まり地区内で余暇を過ごしていた。中山間に比べると，近郊地域ではこうした慣習は廃れ，同時に現代の余暇活動は対応しておらず，むしろ，少し離れた幹線道路沿いのロードサイド店で過ごす余暇が身近になった。あるいは，インターネット，ゲーム，テレビ，通販などの普及により家の中では都市部と同様の余暇を過ごすことが可能となり，結果として，地区内ではなく，家の中や遠方で過ごす余暇活動が増えている。

(2) 余暇活動の内容

個別の余暇活動については，君津市の市街地と近郊地域のみでデータを取り，余暇活動の種類と場所，誰と過ごすかについて分析を行った（表3-3，余暇活動の種類と場所，余暇活動の種類と相手等のデータは割愛）。

「テレビ・団らん・休養」はどの地域でも約2割前後で，最も一般的な余暇活動である。この回答において誰と過ごすかを見ると，まず「家族と」で，次いで「1人で」である。

また，「買い物」が各地域・集団の約2割弱で，これに続く。「買い物」を余暇と一概には言えない部分もあるが，各地域で外出して

表3-3 余暇の内容

	君津市街地住民	君津近郊新住民	君津近郊旧住民
テレビ・団らん・休養	22.3	26.7	18.3
ネット・ゲーム	5.4	6.7	2.8
庭・畑作り	6.1	4.5	16.5
その他家余暇	4.1	4.0	7.4
散歩・ジョグ・公園	9.7	6.4	3.0
外食・会食・会話	5.6	6.9	8.6
買い物	18.2	18.5	15.1
屋内レジャー	5.4	6.6	5.3
屋外レジャー	10.2	9.0	9.5
団体活動	3.8	2.3	5.6
その他スポーツ	6.3	5.8	3.7
その他外出余暇	2.9	2.4	4.2

(単位：％)

過ごす余暇においては最も一般的な活動である。これを誰と過ごすかと見ると「家族と」が圧倒的に多く，「家族と」「買い物」は外出余暇の中でも主要な位置を占める。また場所について見ると「その他」地域が最も多く，買い物圏の広域化の傾向がうかがえる。

　ヒアリング記録と併せて見ると，君津市街地，近郊地域では，買い物先として，富津市，木更津市だけでなく，千葉市，船橋市，川崎市，東京都が挙げられ，広域的に買い物（外食，交際などを含む）を楽しむ余暇が一般化している。

　同時に自然豊かな房総地域へのドライブや観光など（ヒアリング記録），「その他」地域の「屋外レジャー」が各地域・集団で目立つ。続いて，「その他」地域では「その他スポーツ」，「外食等」が続き，外出余暇は広域的に展開されている。

　さらに近郊旧住民で特徴的なのは，約2割に見られる「庭・畑作り」であり，特に旧住民では，農業・園芸活動がある程度の割合を占める。これは，「家族と」だけでなく「1人で」の割合も高い。

また，近郊旧住民では，「友人・仲間と」の「外食・会食・会話」，「屋外レジャー」，「団体・組織」の活動が多く，家族以外の者と余暇を過ごす旧来のスタイルが多く見られる。
　一方，「1人で」はどのような余暇活動が多いのだろうか。近郊新住民で「屋内レジャー」，「ネット・ゲーム」，「買い物」，近郊旧住民では「その他家での余暇」，「買い物」，「屋内レジャー」，「屋外レジャー」の順に目立つ。「1人で」において各地域に共通するのは「屋内レジャー」であり，農村地域で多いのは「買い物」である。特筆すべきは「1人で」の「屋内レジャー」である。パチンコに行く，あるいは，カラオケに行くという余暇の形態が増加している。
　つまり，旧住民であっても都市的余暇を過ごすことが一般的となっていることがわかる。
　「テレビ等」，「ネット・ゲーム」，「その他家余暇」の合計は，君津市街地で約3割，近郊新住民約4割，近郊旧住民約3割で，近郊新住民，旧住民のインドア化が，都市部と同様に進んでいる。

3-5　交流活動の特徴

　ここでは生活の個人化・孤立を見るため，各種交流活動への不参加状況を主に分析する。

(1) 地域内の交流活動
(i) 地域組織活動
　地域組織へ「全く参加しない，ほとんど参加しない」との回答（以下，「地域組織へ不参加」）は，松戸市街地約6割，君津市街地約5割，近郊新住民約4，5割，札幌市街地約4割，静岡中山間約1割弱である（図3-3）。また近郊旧住民であっても約2割弱，近郊の販売農家で約1，2割を占める。都市近郊旧住民は，中山間地域と市街地，近郊新住民との中間的な値を示す。つまり，都市部ほどではないものの，近郊旧住民で約2割，中山間でも約1割弱が地域組

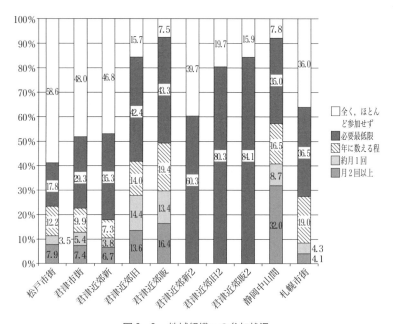

図3-3　地域組織への参加状況

織へ参加しない層である。

「機会があれば参加したい」との回答は各地域で約4割に上るが，一方で，「参加希望がない」との回答が，松戸市街地，札幌市街地で約6割，君津市街地，近郊新住民で約4割，近郊旧住民で約3割に上る（データは割愛）。近郊旧住民であっても約3割は地域組織への今後の参加意向に対して否定的である。

(ii)　地域での個人的なつきあい

地域での個人的なつきあいが「全くない，ほとんどない」との回答（以下「地域でのつきあいがない」）が，松戸市街地，君津市街地で約6割，札幌市街地，近郊新住民で約5割，近郊旧住民，近郊販売農家で約3割弱，静岡中山間で約1割である（図3-4）。地域組織の不参加と同様に都市近郊地域の旧住民・販売農家は，市街地，近郊新住民と中山間地の中間的な値を示す。つまり，都市部ほどではな

3章　農山村地域の余暇活動，つきあいの変化

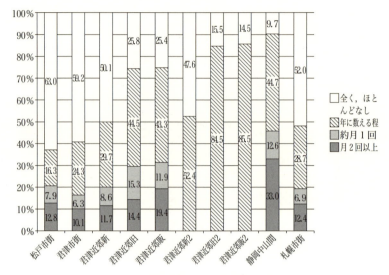

図3-4　地域でのつきあいの状況

いものの近郊旧住民の約3割，中山間でも約1割が地域の人と個人的につきあいがない，とする。

「地域でのつきあいがない」と回答した者について，その理由を見ると，君津市街地，近郊新住民ともに約5，6割が，「地域に友人がいない」と回答している（データは割愛）。市街地，新住民では「地域に友人がいない」ことを理由とするが，旧住民では，「多忙・時間が合わない」，「契機がない」ことを理由とする。旧住民では，地域に友人はいるが，兼業の度合いや勤務先が多様化，広域化したことで，生活時間がバラバラになり，つきあう機会が減少している。つまり，休日に農作業を行う兼業農家や，労働時間が長い専業農家，農家全般の余暇時間の少なさが課題である。

「地域でのつきあいがない」と回答した者のうち，今後の意向を聞くと，各地域・集団でいずれも4割前後が「良い機会があれば参加したい」と回答するが，約4，5割が「参加希望がない」とする（データは割愛）。近郊旧住民であっても，つきあいのない人の約5割が「参加希望がない」と回答している。

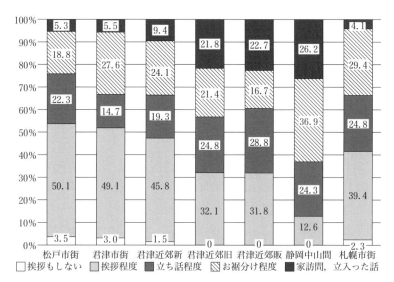

図3-5 近所つきあいの状況

(iii) 近所つきあい

　近所つきあいが「挨拶程度」もしくは、「挨拶もしない」の回答（以下、「挨拶以下」）は、松戸市街地、君津市街地、近郊新住民が約5割、札幌市街地が約4割、近郊旧住民・販売農家が約3割、静岡中山間では約1割強である（図3-5）。「地域組織へ不参加」、「地域でのつきあいなし」と同様に、近郊旧住民は、市街地、近郊新住民と中山間の中間的な値を示す。都市部ほどではないものの、近郊旧住民で約3割、中山間では約1割が「挨拶以下」である。

(iv) 年齢別の分析

　「地域組織へ不参加」を年齢別に見ると（データは割愛）、松戸市街地、札幌市街地、君津市街地、近郊新住民では年齢が上がると不参加率が減少するが、静岡中山間では、不参加率全般は低い中で年齢が上がると不参加率が増加する。近郊旧住民では、30代の不参加率が高いが、40代・50代は60代以上と同様に不参加率が低い。

　中山間地域では若年層の地域組織における役割分担が求められる

が，都市的地域では，年齢が下がるほど，共同性に関する規範意識が低下する。近郊旧住民では，同様に30代以下での規範意識の低下がうかがえる一方，40代以上では年齢に関連なく規範意識は保持されている。

「地域でのつきあいがない」と年齢の関係を見ると，都市的地域では地域組織と同様の傾向にあるが，旧住民，中山間ではいずれも年齢による差異が見られない。

近所つきあいが「挨拶以下」と年齢の関係を見ると，各地域において年齢が上がるにつれて「挨拶以下」である割合が減少していることがわかる。「地域組織への不参加」，「地域のつきあいがない」と年齢の関係と比較すると，各地域共通して，近所つきあいが最も年齢との相関があることがわかる。つまり，地域によらず，世代による価値観の差異が最も顕著なのが近所つきあいである。特に旧住民の30代以下の「挨拶以下」の割合が高く，近所つきあいを親任せにしていることがわかる。

つまり農村では，都市部と異なり，地域でのつきあいに年齢による差異は見られず，また近郊旧住民の若年層の地域組織参加は消極的であるが，中山間は積極的である。また近郊旧住民の近所つきあいの傾向は概ね都市部と変わらず，年齢の上昇とともに積極的になる。ここでも近郊旧住民の都市化がうかがえる。

(2) 地域外の交流活動

地域外組織へ「全く参加しない，ほとんど参加しない」との回答（以下，「地域外組織へ不参加」）を見ると，松戸市街地，札幌市街地で約6割，君津市街地約7割，近郊新住民約8割，旧住民約5割，販売農家約4割，静岡中山間約5割である。つまり，大都市市街地が約6割，君津市街地，近郊新住民が約7，8割であり，近郊旧住民，中山間が約5割である（データは割愛）。旧住民，中山間では，地域組織（例：地域の生産組合）の上部組織（例：市町村単位の生産組合）に属している場合が多く，不参加が少ない[注20]。しかし，市街地，特に大

都市市街地では，地域外組織の種類や数が多く（習いごと，サークル，NPOなど），その差異は「地域組織への不参加」ほどではない。

地域外での個人的つきあいが「全くない，ほとんどない」との回答（以下，「地域外でのつきあいがない」）は，松戸市街地，札幌市街地約2割，君津市街地，近郊新住民約3割，旧住民約2割，静岡中山間約1割である（データは割愛）。「地域でのつきあいがない」と同様に，市街地，近郊新住民で割合が多く，旧住民，中山間で割合が少ないが，その差異は，「地域でのつきあいがない」ほどではない。

地域内組織への参加やつきあいは，都市部と農村部では大きく異なるが，地域外の組織への参加やつきあいでは，それほど差異はない。つまり，農村部の方がつきあいや組織参加全般への意欲が高いが，都市部の方が，地域外でさまざまな組織に入る，あるいは知り合いをつくる契機に恵まれており，そのため差異が少ない。

(3) 地域内外の交流活動と孤立層
(i) 地域内完結型か地域外完結型か

「地域外組織へ不参加」かつ，「地域組織へ参加」する層が，松戸市街地17.8%，札幌市街地31.3%，君津市街地31.2%，近郊新住民34.8%，近郊旧住民39.9%，静岡中山間40.2%に対して，「地域外組織へ参加」かつ「地域組織へ不参加」の層が，松戸市街地19.9%，札幌市街地9.9%，君津市街地5.0%，近郊新住民5.2%，近郊旧住民2.2%，静岡中山間0%であり，松戸市街地を除き，後者が少ない（データは割愛）。つまり，組織への参加については，近郊旧住民，中山間では，地域内だけで完結する層が約4割を占め，地域外だけで完結する層はほとんど見られず，両者がほぼ拮抗する松戸市街地とは対照的である。

「地域でのつきあいがない」かつ「地域外でのつきあいがある」層が，松戸市街地45.1%，札幌市街地25.1%，君津市街地36.6%，近郊新住民29.3%，近郊旧住民13.6%，中山間4.1%であり，「地域でのつきあいがある」かつ，「地域外でのつきあいがな

3章　農山村地域の余暇活動，つきあいの変化

い」層は，松戸市街地 3.0％，札幌市街地 9.0％，君津市街地 3.2％，新住民 3.9％，旧住民 4.9％，中山間 10.3％であり，つまり，地域だけで完結する層が各地域共通で概ね1割に満たず，地域外で完結する層は，都市部で3割から5割に上るが，旧住民では約1割，中山間で約5％弱に留まる（データは割愛）。農村地域において，組織活動では，地域内で完結する層が多い。一方，都市地域において，個人的つきあいでは，地域外で完結する層が多い。

(ii) 地域非交流層，地域内外非交流層

まず「地域組織へ不参加」かつ，「地域でのつきあいがない」かつ，近所つきあいが「挨拶以下」[注21]の層を，地域での交流がない「地域非交流層」とする。その割合を見ると，松戸市街地 35％，札幌市街地 19.3％，君津市街地 24.9％，近郊新住民 16.6％，旧住民 5.9％，中山間 1.1％である（図3-6）。松戸市街地で約4割，君津市街地，新住民では約2割が地域と関係を持たずに生活している。一方，近郊旧住民，中山間地域では，地域組織への不参加もしくは地域でのつきあいがない層が一定程度あるが，「地域非交流層」は

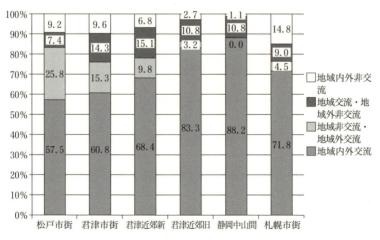

図3-6　地域内外での交流と非交流

ほとんど見られず，何らかのかたちで地域と関わりを持つ。

次に，こうした「地域非交流層」のうち，「地域外組織へ不参加」かつ，「地域外でのつきあいがない」層を，地域内でも地域外でも交流がない「地域内外非交流層」とする。この「地域内外非交流層」の割合を見ると，松戸市街地9.2%，札幌市街地14.8%，君津市街地9.6%，近郊新住民6.8%，近郊旧住民2.7%，中山間1.1%である。近郊旧住民，中山間では「地域非交流層」との重なりが大きく，非常にまれで，個人的事情によるものと考えられる。

一方，「地域非交流層」であっても，地域外で交流する層が松戸市街地25.8%，札幌市街地4.5%，君津市街地で15.3%，近郊新住民で9.8%，旧住民で3.2%，中山間0%見られる。地域とつながりがなくても地域外での人間関係を生活の基礎とする層が，松戸市街地で約3割，君津市街地，近郊新住民で1割程度存在するが，近郊旧住民，中山間ではこうした層はほとんど見られない。一方，近郊新住民では約2割程度の「地域非交流層」と1割弱の「地域内外非交流層」が見られ，農村における孤立の問題は，調査時点では近郊新住民に限定される。

3-6 小括

(1) 近郊地域の余暇活動の室内化，地域外化，広域化

中山間地域と比べると，近郊地域では，旧住民や販売農家であっても，都市地域と同様に余暇活動について，①家で過ごしがちで，同時に②地域で過ごさず，③広域化している。

特に，②については，かつては地域の友人との団らん等の場があったが，余暇活動が都市と同じような嗜好に変わり，専用空間において活動が行われることが一般化し（例：カラオケ，パチンコ，運動公園，居酒屋など），地域の空間がこうした嗜好に対応していないことが要因となる。結果として，地域組織において，あるいは地域の友人と，余暇を過ごすことに対する阻害要因となる。また，①③

3章 農山村地域の余暇活動，つきあいの変化

の傾向は個人化と親和性が高く（家で過ごす，自家用車で出かける行為は，個人や家族で容易に行うことができる），個人化の結果であると同時に，要因でもある。

(2) 余暇生活の個人化と孤立

まず，主な余暇活動を過ごす相手が，「1人で」か「家族と」であるとの回答が，旧住民で約7割，中山間で約6割であり，都市地域の7，8割とあまり差異がなく，農村地域でも余暇活動の個人化が進行していることがわかる。

つまり，農村地域は，都市地域に比べてコミュニティの共同性が強く，これが個人のアイデンティティや生き方を育み，一方で，時にはその閉鎖性が弊害を生んできたとされる。しかし，個人の余暇生活を概観すると，地域の組織であるいは友人と，日常的に余暇を過ごすライフスタイルは既に一般的でない。

次に，「地域組織へ不参加」との回答は旧住民で約4割，中山間で約1割，「地域でのつきあいがない」との回答が，それぞれ約3割弱，約1割である。さらに近所つきあいが「挨拶以下」と回答した者が，それぞれ，約3割，約1割強である。

上記のように，余暇活動の全般的傾向に比べると，まだ都市地域との差異はあるが，地域と個人の関係性は一定程度希薄化しつつあることがわかる。

また，交流活動が全くない層（地域非交流層）は，旧住民で5.9％，中山間では1.1％，このうち，さらに地域外における交流もない層（地域内外非交流層）は，旧住民でも2.7％，中山間では1.1％存在した。松戸市街地の「地域非交流層」約4割，「地域内外非交流層」約1割に比べると，こうしたいわゆる社会的孤立に至る可能性がある層は，近郊新住民を除き農村的住民ではほとんど見られない。

同時に，都市部では地域外でつながりが完結する層が一定程度あるが，農村地域ではまれである。ただし，個人的つきあいに関しては，地域外で完結する層が近郊旧住民では約1割存在する。職場や

教育機関の広域化が要因である。

　さらに近郊地域の新住民に関する交流活動の濃淡は，同一自治体の市街地住民のそれとあまり変わらない。

　またこうした非交流層の属性に極端な偏りはなく，地域社会にとって一般的な課題であることが確認できる（データ割愛）。

　こうした地域とのつながりがない層に関して，地域との接点をつくる契機，勧誘手法，地域活動に興味を持たせる内容の検討が重要である。たとえば，若年層，家族連れの参加を促進するような仕組み（若年層に限定した，あるいは同層に予算や権限を委譲したイベント）や内容（バーベキュー，サイクリング等）である。特に退職後の地域との接点づくりを戦略的に検討する必要がある。加えて，「地域内外非交流層」に関しては，まれな事例であるが，将来の高齢化に伴う孤立死等の可能性なども視野に入れ，地域での見守りや傾聴の機会の創出など，福祉の観点から検討する必要がある。同時に，その際，非交流層を把握する枠組みの援用が提案できよう。

　地域外組織への参加は低調で（旧住民，中山間で約5割が不参加），その参加者は，概ね地域組織への参加者である。つまり，同好会，サークル，習いごとなど活動内容のバリエーションの不足があるのだろう。個人化，つきあいの希薄化が進行する小都市や近郊地域，中山間においては，大都市と比べ，地縁，仕事，学校・子育てを契機とした，関わる人を選択できない組織ばかりではなく，趣味やボランティアなどの自発的な興味や関心による新しい組織の形成も大きな課題である。

　まとめると，大都市地域ではコミュニティの衰退，つきあいの希薄化が指摘されるが，首都圏小都市の近郊地域，中山間地域において，こうした問題は，一定程度観察できる。一方，現時点でそれは，社会的孤立が起きるほどには深刻でない。

(3) 個人化の要因

　余暇生活の個人化の農村地域特有の要因として，以下の点が推察

される。

①独身者にとっては，地域に居場所がない。

②家事，育児，介護を家庭内で完結し，男性も一定の役割分担を求められるようになり，余暇時間が細切れになり，同時に「家族で過ごす」時間が（友人や仲間と過ごすあるいは地域社会とつきあう時間よりも）大切であるとの価値観が一般化した。[注22]

③労働環境における人間関係などのストレスが，職場以外の人間関係を持とうとする精神的な余裕を奪う。

④若年世代では都市への転出者が多く，この年代が他世代に比べると相対的に少ない。また，卒業以降の環境，職場が異なる場合が多く，価値観などの共有感覚が希薄化している。あるいは交流し，余暇を過ごす場がない。

⑤都市地域での傾向と同様に，生業や活動する組織の拠点が地域外にあり，そこでの人間関係がつきあいの中心となり，地域組織や地域での友人とのつきあいが疎遠となる。

⑥多世代で居住する場合，若年層は，地域組織への参加を，世帯主である親に任せてしまい，地域との関わりを持つ時機・タイミングを失くす。

章のまとめ

大都市においては無縁社会化や孤立死が社会問題となるが，余暇・交流活動に見る生活の個人化は，農村地域，特に都市近郊地域でもある程度進行している。都市近郊地域での余暇活動は広域化し，屋内レジャー（パチンコ・カラオケなど）など都市と変わらない余暇形態が一般化し，余暇活動の個人化の要因となる。また交流活動について，都市近郊地域では，地域とのつながりを持たず，地域外とのつながりだけを持つ層も一定程度ある。特に新住民の個人化の程度は，都市住民と変わらない場合が多く，旧住民であっても個人化は一定程度進んでいる。一方，大都市における社会的孤立のような深刻な事例は，農村地域ではまれである。住民の個人化した生活を否

定することなく，尊重した上で，地域での居場所をつくり，孤立を防ぐような地域づくりが提言できる。

注釈
注1） たとえば，「田舎に泊まろう！」（テレビ東京），「人生の楽園」（テレビ朝日）等のテレビ番組は，視聴者の「人情味あふれる農村」という期待を投影している。

注2） たとえば，文献1）で重村力は，農山村地域において，「社会構造の連続性を保ちながら，生活技術，生産技術の近代化に対応してきた」と述べている。

注3） 本章では人と人との交流を，余暇活動の中での組織への参加，友人との個人的つきあいから見ることとした。つまり，勤務時間中の人との交流は，今回の研究では対象としない。ただし，たとえば，勤務で知り合った人との余暇時間での活動は研究の対象となる。

注4） 文献2）によれば，「つながりのない社会，縁のない社会」が広がるさまを無縁社会と呼称している。特に孤独死（孤立死）した上に，さらに遺体や遺骨の引き取り手のない死を「無縁死」と定義し，その数を行政への聞き取り調査から全国で年間3万2000人と見積もる。文献3）では主に，無縁社会の背景である高齢者，主婦層，若者層など各階層の孤立の実態を明らかにしている。また，文献4）では，近代化以前の封建的社会から今日に至るまでの経緯を説き起こし，無縁社会の到来は，個人の自由とトレードオフの関係にあり，必然であるとしている。また，菅元総理大臣の言及は文献5）による。こうした文献では，家族との疎遠，家族以外の者との疎遠がともに論点となっているが，本章は，地域社会の問題をテーマとするため，家族以外の者との疎遠に焦点を絞る。

注5） たとえば，文献6）では諸外国と比較し，都市における見知らぬ者同士のコミュニケーションのぎこちなさ，不全を指摘している。

注6） 欧米では個人が本来，自立した存在であり，孤独な存在であるから連帯しようとするが，日本においては個人よりは「関係性」が前提にあると考える。したがって，「関係がある」仲間に優しく，「関係がない」他者に冷淡である特徴がそのまま残存し，都市化した現在は「関係がない」他者への冷淡さが目立つようになってきたと思われる。

注7） 近年のインターネット利用と孤立の研究について，その利用が，

情緒的孤独感を増加，社会的活動を減少させる，また逆に，社会的孤独感を減少させ，社会的活動を増加させるとの矛盾した考察がある。これは，Facebook (SNS)のような匿名でなく，オフ会や友人関係の再構築など，実際の交流の有無や，社会的スキルの高低によるとの指摘もある。しかし，本章では，実際の交流に着目するため，インターネットとの関連は取り上げない。

注8）たとえば，文献7）によれば，こうした市場経済と科学技術の発達による「自由」と個人化が，必然的に個人の孤独（孤立）を生み出していると指摘する。

注9）たとえば文献8）によれば，近年，高齢者が感情を爆発させる事例が多発しているが，これは年功序列という伝統的価値観に基づき若い時には年配者に敬意を払ってきたが，自身が高齢者になった時には，価値観の変化で周囲から敬意を払われない状況に不満を持つからだと指摘する。

注10）たとえば，文献3）では，こうした労働者と会社との関係の変化を指摘している。

注11）たとえば文献9）では，個人化によって，「共同体でなく個人が自分の生活を自分で選択する」ことにより，結果として他者との持続的関係性の困難さが生じるリスクがあるとしている。
　一方，知り合いのいない仮設住宅に転居した被災者のように，孤立することで行動が個人化することもあるが，孤立した状態を解消しようという意志を持つ場合もあり，必ずしも「孤立」が，そのまま「個人化」を招くわけではないと考えた。

注12）ヒアリング調査では，主に個人や家族で行動する「個人化」した層へのインタビューに留まり，個人の要因を分析したが，個人化が進行すると孤立に至るため，要因は共通するものと仮定して「個人化（孤立）」と表記した。また，本調査は個人のプライバシーに踏み込む項目も多く，一般的な地域では調査協力を得るのが難しいと考え，地域づくりを推進し，地域を改善する意識の高いと思われる地域を調査対象地とすることで，自治体や地域から調査協力を得ようとした。

注13）旧村を単位とするまちづくり推進委員会を立ち上げ，遊歩道の整備，餅などの特産品の開発，花いっぱい運動，環境点検ワークショップ，市民農園整備などの活動を行っている。

注14）アンケート調査では1世帯に該当者が2人以上いる場合には，コピーして回答するよう示したが，各世帯の判断に委ねられてしま

い，方法論上の課題が残った。
注15) たとえば文献10)では，目的合理的志向性，手段的関係志向が男性の社会関係資本の少なさにつながっているとしている。
注16) 対象者の口述で重要な部分を抜粋した箇所は「　　」で示す。
注17) ここでは，まず家族や個人だけで過ごし，家族以外の他者と関わりが少なくなる現象をとらえたいという問題意識から，まず，家族以外の者と主に過ごす「集団型」，家族以外の者とも，家族，個人とも過ごす「混合型」を設定した。次に，家族や個人で過ごす者のうち，家族ともあまり過ごさず，主に個人で過ごす「単独型」を設定し，これ以外のタイプを「家族型」とした。また，上記以外で，余暇活動と非余暇活動の境界があいまいであるか，仕事・農業ばかりしているタイプとして「仕事・農業型」を設定した。
注18) たとえば，文献11)によれば，地方都市である豊田市，大野市の市街地の余暇調査（1978年，1974年実施）では，主な余暇の過ごす相手が「一人」と「家族」の合計は各49％，53％であり，30年程前に比べても，地域は違うものの，本研究の市街地住民より2割あまり割合が少なく，余暇の個人化の進行が推察される。
注19) 文献12)では，全国的に余暇のインドア化の傾向が指摘されている。
注20) 前述のヒアリング調査記録による。たとえば，前掲のサンプルFの発言等を根拠とする。
注21) ここで近所つきあいが「挨拶程度」か「挨拶もしない」層を地域非交流層の条件とした理由を示す。地域組織に属さず，地域のつきあいがなくても，挨拶程度を超える近所づきあいがあれば，地域である程度の定常的な人間関係を営んでおり，地域から孤立してはいないと考えられる。そこで，こうした層を地域非交流層から除外するためである。
注22) ただし，地域組織活動が，これまで伝統的価値観に基づく女性の負担により，男性の余暇時間が創出されてきた経緯と，本知見は連続しているため，これまでのような地域組織活動への参加のあり方は見直される必要があると考える。

同時に，回答者を限定しなかった農村地域でのプレ・アンケート調査においても，ほとんどの世帯で男性が回答していた。こうした事実にもある種の社会のあり方が表れている。

つまり，男性の余暇の個人化は，農村社会におけるジェンダー問題との関連性も指摘できる。

3章　農山村地域の余暇活動，つきあいの変化

参考文献
1) 日本建築学会編：図説集落，都市文化社，p. 7, 1989
2) NHK「無縁社会プロジェクト」取材班：無縁社会，文藝春秋，2010
3) 橘木俊詔：無縁社会の正体，PHP研究所，2011
4) 島田裕巳：人はひとりで死ぬ，NHK出版，2011
5) 首相官邸のHPより，所信表明演説全文掲載部分（2014.11最終閲覧）
  http://www.kantei.go.jp/jp/kan/statement/201006/11syosin.html
6) 広井良典：コミュニティを問いなおす，筑摩書房，2009
7) 姜尚中：悩む力，集英社，2008
8) 藤原智美：暴走老人！，文藝春秋，2009
9) 小田亮：現代社会の「個人化」と親密性の変容（2014.11最終閲覧）
  http://www.seijo.ac.jp/graduate/gslit/orig/journal/jomin/pdf/sjpn-26-05.pdf
10) 宍戸邦章：高齢期における幸福感規定要因の男女差について，日本版General Social Surveys研究論文集，6, pp. 45-56, 2007
11) 桜井康宏：生活時間と階層的視点からみた余暇性向とグループ活動参加の動向，日本建築学会論文報告集，349, pp. 32-42, 1985
12) 社会経済生産性本部編：レジャー白書2008，社会経済生産性本部，2008
13) 齋藤雅茂ほか3名：大都市高齢者の社会的孤立の発現率と基本的特徴，社会福祉学，50(1), pp. 110-122, 2009
14) 河合克義：大都市のひとり暮らし高齢者と社会的孤立，社会福祉学，51(2), pp. 150-152, 2010
15) 猪岡まり子ほか4名：地域行事・地域活動への青少年の参加と地域組織側の認識・動向の関連に関する研究，日本建築学会学術講演梗概集，F-1, pp. 607-608, 1999
16) 多田玲央奈，大垣直明：地方都市における住民の役割意識と地域活動に関する研究，日本建築学会学術講演梗概集，E-2, pp. 661-662, 2001
17) 高村亮，後藤春彦：郊外住宅地における居住者の地域活動参加の実態，日本建築学会学術講演梗概集，F-1, pp. 1089-1090, 2007
18) 花原裕美子ほか2名：地域活動を支える個人・組織間のつながりの形成要因，日本建築学会学術講演梗概集，E-1, pp. 1259-1260,

2009
19) 野嶋慎二,清水健：福井市民間宅地分譲開発地における家族と地域社会のネットワークの実態に関する研究,日本建築学会学術講演梗概集, F-1, pp. 45-48, 2004
20) 青木理香,沖田富美子：ニュータウン居住者のつきあいに関する研究,日本建築学会学術講演梗概集, E-2, pp. 63-64, 1995
21) 芝池綾,谷口守,松中亮治：意識調査に基づくソーシャル・キャピタル形成の構造分析,日本都市計画学会都市計画論文集, 42(3), pp. 343-348, 2007
22) 内閣府経済社会総合研究所：コミュニティ機能再生とソーシャル・キャピタルに関する研究調査報告書,内閣府国民生活局市民活動促進課, 2005
23) 伊戸川絵美,湯沢昭：ソーシャル・キャピタルによる安心安全まちづくりのための自己診断評価モデルの構築,都市計画学会都市計画論文集, 43(1), pp. 22-27, 2008
24) 藍澤宏,鈴木麻衣子,斉尾直子：住民の地域社会活動の形成とその展開方法に関する研究,日本建築学会計画系論文集, 533, pp. 89-95, 2000
25) 菅原麻衣子,藍澤宏,篠塚麻衣：高齢化の進む中山間地域における地域社会の範域形成,日本建築学会計画系論文集, 606, pp. 85-92, 2006
26) 山田晴義：農村集落住民の文化・スポーツ・レクリエーション活動量の概数と活動経験（山形県・宮城県内の3農村について）,日本建築学会論文報告集, 274, pp. 119-127, 1978
27) 山田晴義：農村地域青年の余暇条件と文化・スポーツ・レクリエーション活動量との関係（山形県内2農村の場合）,日本建築学会論文報告集, 338, pp. 122-130, 1984
28) 川岸梅和,北野幸樹：時間的・空間的側面からみた余暇活動の動向と特性について(1),日本建築学会計画系論文集, 487, pp. 167-176, 1996
29) 川岸梅和,北野幸樹：近隣空間における余暇活動の動向と特性について,日本建築学会計画系論文集, 498, pp. 153-159, 1997
30) 桜井康宏：余暇生活のグループ化傾向からみた集会関連施設需要の構造,日本建築学会論文報告集, 334, pp. 128-138, 1983
31) 桜井康宏：生活時間と階層的視点からみた余暇性向とグループ活動参加の動向,日本建築学会計画系論文報告集, 349, pp. 32-42, 1985

3章　農山村地域の余暇活動，つきあいの変化

32)　和田正人：インターネット利用と自己愛人格，東京学芸大学紀要，59, pp. 535-541, 2008
33)　齋藤雪彦：都市近郊農村地域における余暇生活とその個人化，孤立に関する研究，日本建築学会計画系論文集，673, pp. 543-552, 2012
34)　齋藤雪彦：首都圏小都市の近郊農村地域および中心市街地における余暇および交流活動に関する研究，日本建築学会計画系論文集，78(683), pp. 73-80, 2013

4章　地域空間管理の再生へ向けて

章のはじめに

1章，2章では農山村の荒廃を空間管理の実態から見た。さらに3章では空間管理の担い手である地域社会の変容を，生活の個人化の観点から見た。最後に本章ではこうした空間管理の位置づけや手法を再考し，再生するための方法論を考察したい。

まず1節では，1～3章で得られた知見を総合的に考察し，これに基づき，計画的な提言を行う。

一方，空間管理の再生のためには，その実態や分析を精緻に行った上で，空間管理の新たな位置づけや，これを実施する住民（あるいは都市住民）の動機づけ，これを支える仕組みが必要となる。そこで2節では，グリーンツーリズムなどの，空間管理に関わる住民の新たな動機づけ（お客さんに美しい農村景観を見てもらう，など），およびグリーンツーリズムによる直接的な空間管理を，空間管理再生の方法論として取り上げる。具体的には，グリーンツーリズムの概念整理と空間管理の位置づけを行い，さらに事例研究により空間管理に果たす役割を検証する。

4章1節　前章までの総合考察と提言

4-1-1　中山間地域における展望

集落域全体の空間管理を把握するために，個別地片の管理の他地片の管理との密接な関連に留意し，同心円状の集落モデルが提案で

きる。また農家を管理作業頻度から類型化し，商品作物管理志向と生活空間管理志向から説明する。さらに，空間管理計画の策定にあたっては，総合的な管理の関連を考慮する。同時に転出世帯の空き家と農地の管理については，現時点での管理者（集落内居住世帯「親戚，近所，Ｉターン者」，近隣地域「中心集落や隣接市町村」転出世帯，遠隔地「上記以遠」転出世帯）と空き家となってからの年数から展望することができる。

　まず，以下では，中山間地域における集落域の空間管理を計画的に進めるための提言を示す。

(1) 集落空間管理の仕組み

　農村空間像の検討の前提として，今後の農村空間の方向性とそれに即した新たな管理目的の付与，およびそれに伴う労働力の担保を改めて提起する。たとえば，グリーンツーリズムや援農ボランティア，森林（里山）ボランティア，学生による農作業支援など，地域外の都市住民による管理，あるいは山口型放牧のような家畜による管理を検討し，地域ビジョンを策定し，これに基づく管理目的の新たな付与，具体的な施策を実施する。

　具体的な提言として，集落域の管理状況を地図に表記する。現耕作地については，農家の空間管理類型毎に所有農地を色分けすることで，将来的には粗放化が懸念される土地と管理作業を特定する，いわば管理放棄のハザードマップを作成し，林地を含む同心円状の集落モデルを参考に，管理範囲域の設定を行う。つまり，今後，時間の経過とともに管理放棄を容認する区域，管理放棄を容認しない区域の区分を行う（次節に詳述）。

　また，転出世帯の空き家と農地については，管理されなくなる前（概ね空き家となって10年以内）に，支援を行う。管理されない空き家は，傷みが激しくなり台風等で倒壊する恐れがある。まず，空き家や農地を遠隔地から管理する多様な主体の存在を評価し，彼らの労働力など家庭事情や管理の傾向を把握し，それ対してきめ細かく対

応する経済的支援（所有者に限らない主体への支援，交通費の支援等），管理を継続する場合の税制面での優遇を行う。次に，持ち主に代わって管理を行う者（Ｉターン世帯や援農ボランティアなど）を紹介する支援（空き家バンクなど）を行う。あるいは，彼らの管理活動を支援する。もちろん，それだけでなく，Ｉターン世帯の定着を支援する取り組みも必要である（交流だけでなく，意見交換の場の設定など）。また，集落に体力がまだ残っている場合には，個人ではなく集落（自治会等）に，空き家，農地の管理を委託することを促進，支援する。さらに，グリーンツーリズム等の施策と連動し，都市住民向けの交流や宿泊のための施設（農地であれば，農業体験，市民農園としての場）として自治体等が買い取り，あるいは寄付を受けて，再生する。加えて，「中山間地域等直接支払制度」では，農地の維持管理がその助成の理由であり，条件となっているので，空き家を農地管理のために必要な拠点として位置づけ，その管理にインセンティブを付与する改正を行う。

(2) 集落居住の継続と集落再編

　集落空間管理の持続を考える際には，住民の高齢化と転出による人口減少についても考慮する必要がある。つまり，中山間地域では，高齢化による集落居住の継続に不安を持ちながらも，その一方で，集落への帰属・郷土意識，空き家，農地管理の意識は依然として高い住民が多い。したがって，地域から転出しようとする，Ｊターン（地域から遠隔地に流出した者が近隣の地方都市，中心集落などに戻ってくること）しようとする若年層に対して，遠隔地での居住を防ぎ，積極的に中心集落への居住と雇用を進めることが有効である。

　また，集落規模と管理力は単純な比例関係にはなく，戸数が一定数を下回ると，一気に管理が行われなくなる。ある程度の戸数があれば住民で空き家，農地の管理を分担することができ，また病気や火事などいざという時の安心感も得られる。年齢構成やその後のＵターン・Ｉターンの状況にもよるものの，本書では持続可能な最低

限の規模として20戸以上を挙げ，戦略的撤退の目安としては10戸未満を挙げる。つまり，これらを下回らないことが一つの目標となる。

10戸未満の集落については，元の集落と中心集落との2拠点居住を進め，徐々に元の集落から撤退する方法を提案する。高齢者にとって居住環境の急激な変化は時に致命的なことであり，徐々に，というのがポイントである。中心集落では，公営住宅の建設や若い世代に対する安定した働き口（産業）の育成，斡旋などを進める。そして，夏には元の集落に住み，冬には中心集落に住み元の集落に通い，農地の管理を継続する。

集落が撤退した跡地を，たとえば，林地や都市住民のための滞在地域などとして再生させる戦略も描くことができよう。同時にこれは，林地の再生ビジョンを考えるということでもある。たとえば，近年では，林地（樹木）の持つ癒しの力に着目したセラピー活動（ヘルスツーリズム）等も注目される。

最後に，近年，退職者を中心とする「田舎暮らし」がマスコミ等にも多く取り上げられるようになった。退職者は年金があるので，「田舎」で農業に従事するといっても，自給的農業で十分である。必要な生活費が少なくてすむ自給的な田舎暮らしは，今後，さらに増えていくだろう。

また都市における非正規労働者やニートの若者の受け皿として，農業への就業の可能性が議論されている。現時点では，農業の厳しさに対する認識の欠如や経済面の不安定などから全体としては一部に留まっているが，今後注目される動きである。たとえば，ギリシャでは経済危機により農村への回帰現象が起きている[注1]。都市で経済的に困窮した層が農村へ回帰する可能性についてはもっと検討されてよいだろう。

欧州で見られるような農村への回帰現象（逆都市化現象＝カウンター・アーバニゼーション）が，今後我が国でも広がり，定着する可能性を考えつつ，都市住民の農村への来住，定住のための条件整備が

1節　前章までの総合考察と提言

今後の研究課題として挙げられよう。

4-1-2　都市近郊地域における展望

①首都圏での旺盛な建設事業活動（ビル，マンション，道路の建設，更新），②これを担う建設事業者による資材置き場，事業所の確保，こうした活動で排出される産廃，残土を専門的に処理する事業者による産廃・残土置き場，処分場の確保，③事業者の経営破綻等による資材置き場，事業所から産廃・残土置き場，処分場への容易な転換，が首都圏市街地外延部の農村地域における都市的利用の要因である。同時に都市の建設活動で生まれた建設廃材，残土をどこに捨てるかという本質的な問題が解決されていないため，医療系，化学系廃棄物に比べ処理単価の安い建設廃材，残土が，輸送コストのかからない都市近郊地域へと持ち込まれる構造となっている。別の言い方をすれば，都市に住む私たちの生活スタイルそのものに，都市近郊地域における都市的利用の要因が内在するのだ。

以下では，都市近郊地域における集落域の空間管理を計画的に進めるための提言を示す。

(1)　管理放棄地の管理

農地の管理放棄については，農業の衰退，担い手不足が続く中では，自然林，公園等のもっと労働力を必要としない土地利用形態への転換が考えられる。また，周辺集落所有の管理放棄地に関しては，集落間で粗放地の入作，出作の総括的解消が必要であり，また外部居住の不在地主に関しては，管理放棄による居住・営農環境への不利益の代償として，利用権を停止することや，自治体等への移管等が考えられる。一方，農林水産省により，耕作放棄地を農地に再生し，担い手を見つける事業が行われている。効果は部分的にはあるが，地域農業のビジョンを描きえている例は少なく，多くの管理放棄地が残っている。また再生した農地の管理の継続が担保されているわけではない。林地の管理については，中山間地域同様に林地の

4章　地域空間管理の再生へ向けて

再生ビジョンとこれに基づく活動が必要である。宅地の放棄については，近年，所有者に代わって草刈りを自治体が行う条例や，空き家，空き地を自治体で買い取り公園とする条例が注目されるが，郊外住宅地の衰退という基本的な構造に抜本的な解決策が示されているわけではない。^{注4)}

(2) 都市的利用地の管理

　都市的利用地に関して，産廃，残土の問題に絞り述べる。規制について対象，強度，運用から見る視点がある。都市計画法，農振法，農地法では，宅地化，土地の形状変更を規制の対象とし，産廃の堆積等，非建蔽型の開発には対応できていない。しかし，空間管理の粗放化に対応するには，「土地が実質的にどのように管理されて，どのような目的で利用されているか」をコントロールする規制が必要である。また同時に，現在は，廃掃法，農振法，農地法，都市計画法に分かれ自治体の担当もタテ割りとなっている土地利用規制を，一本化する必要がある。さらにその上で，農振白地など緩規制地域への対応，罰則の大幅な強化による，規制内容と運用の見直しが考えられる。特に，廃掃法における自社処分，農地法の運用における一時的堆積に対する取り扱いを見ると，自営業等，地域住民の生業に対する配慮が制度の抜け道を形成している。実際に，自営業用途の資材置き場が外部所有の廃棄物置き場に変移する事例も散見され，自営業等，地域住民の生業に関わる粗放化に対してもある程度の規制とその運用が必要である。具体的に規制の強化を行う際には，二つの方針が考えられる。第一に，集落域への産廃の持ち込みを完全に禁止し，工業専用地域等での処理，埋設を義務づける。第二には，これまでに多くの産廃が持ち込まれていること，依然として持込側，受入側に強い経済的動機づけが存在することを鑑み，集落保全調整域（主に林地）の一部に交換分合により粗放地を集約し安全に隔離し，許可処分場（堆積地）を設置する。同時に使われなくなった資材置き場，事業所，駐車場については農林地，公園，緑地への再生

を行う．現時点では，行政指導によって事業者が産廃の搬入を停止させた事例も含めて，産廃堆積の事例では原状回復がほとんど行われず，原状回復を実質化させる仕組みも提案する（自治体，業界が基金を作っているが十分ではない）．つまり対策には，「持ち込ませない」，「現在の堆積，操業をストップさせる」，「持ち込まれたものを撤去する」という三つの段階があり，それぞれの段階毎に考える必要がある．

また近年では，資材置き場の基準を決め，産廃置き場，処分場への転換を防ぐ条例や，水源等の保全を根拠に産廃を取り締まる条例が注目され，こうしたさまざまな産廃投棄に対するアプローチを検証していきたい．[注5]

(3) 地域の就業構造，産業構造の転換

粗放化の要因の一つとして地域における建設業中心の就業構造が挙げられる．林地，自然地の再生・管理を目的とする新しい建設業へと業態転換を進める．さらに，都市近郊農村地域で土地に使用価値がなくなることが放棄地の発生や産廃の受入の要因であることから，都市住民が日常的に行き来できる等の立地上のメリットを活かし，中山間地域とは異なる，都市住民との交流を前提とする都市近郊型地域再生モデルを構築する必要がある．

4-1-3　農村地域における余暇・交流活動の個人化と孤立

農村地域では余暇活動，交流活動の個人化が一般的になり，都市近郊地域では交流活動から見る孤立が新住民を中心に見られ，コミュニケーションの希薄化が確認される．農村地域特有の事情としては，農家と非農家，兼業農家と専業農家の生活時間の乖離，場を共有する機会の減少，都市での勤務経験や情報の発達による都市的な価値観の浸透が挙げられる．

地域づくり組織など，これまで地域になかった新しい組織を立ち上げ，旧住民だけでなく，新住民，都市住民，学生，専門家なども

交えながら，地域づくり活動を通じて，新たなコミュニティの姿や交流のあり方を模索することが提言できる。また，①こうした地域づくりには若年層や女性層の参加が少なく，さまざまな階層の住民の参加を募ること，②活動自体を楽しみながら，また同時に地域の切実な課題に取り組むこと，③活動を通じさまざまな階層の住民が時間を共有できる場を創出すること，④地域づくりの具体的課題としてコミュニティのあり方や再生の方法を話し合うことなどが提言できる。これらについては，補章にて詳述したい。

注釈
注1） 文献1）などがある。
注2） ここで，入作とは集落外居住者が当該集落農地にて耕作することであり，出作とは集落居住者が集落外農地にて耕作することである。
注3） 文献2）によれば，農地法による担い手の流動化（遊休農地対策）と耕作放棄地の再生（耕作放棄地再生利用対策）を柱とする。
注4） 文献3），文献4）を参照すると，つくば市の草刈り条例では，不在地主に代わり草刈りを実施する仕組みをつくり，長崎市では空き家の解体や買い取りを進める取り組みを行っている。都市近郊地域における住宅地の再生への展望については文献5）などがある。
注5） 文献3），文献4）によれば，横須賀市では資材置き場が産廃・残土置き場とならないよう資材置き場について基準を設けており，八王子市では，土砂の埋め立てを許可制としている。さらに，三重県旧紀伊長島町では，水源保護条例により産業廃棄物処理施設の立地を阻止しようとした。

参考文献
1） Kyriaki Remoundou et al.: Preferences for counter-urban relocation in time of crisis-evidence from a choice experiment in Greece, Trans-Atlantic Rural Research Network Conference, 2014
2） 農林水産省ホームページを参照（2014. 10最終閲覧）
3） 国土交通省土地・水資源局：外部不経済がもたらす土地利用状況の対策検討に関する調査報告書, 2009, 2010
4） 国土交通省土地・水資源局：土地の管理を主とした土地利用に関

わる制度等とその運用実態に関する調査報告書, 2009
5) 吉田友彦：郊外の衰退と再生, 晃洋書房, 2010

4章　地域空間管理の再生へ向けて

4章2節　グリーンツーリズムによる空間管理

　本節では，前節での空間管理に関する知見の整理を踏まえ，空間管理の新たな位置づけやそのための仕組みづくりを先進事例の分析から行うことを目的とする。つまり，我が国におけるグリーンツーリズムの展開を概観し，その地域再生に果たす役割を整理した後，グリーンツーリズムが空間管理の再生に果たす役割を先進事例の分析を通じて検証する。

4-2-1　日本におけるグリーンツーリズムの展開
　グリーンツーリズムは，欧州において「農村でゆったりと休暇を過ごす活動」と言われ宿泊を伴う観光活動を指すが，日本においては，「日帰りを含めた農村を舞台とする観光活動」が実態に合った表現であろう。
　「グリーンツーリズム」という言葉や概念が広まったのは，バブル経済が崩壊した90年代に入ってからである。これにはバブル時代のリゾート開発が農村地域の経済や社会，自然環境に悪影響を与え，これに代わる異なるコンセプトのツーリズム（オルタナティブ・ツーリズム）が求められたという背景がある。また農林水産省としても，GATT・ウルグアイ・ラウンドにおける農産物自由化への対策として，農業振興以外の農村活性化の手法が求められていたという背景もある。
　グリーンツーリズムの本場，欧州では，特別に景観が美しい農村に限らず一般的な農村の農家に滞在し，散策し，地場の食を楽しむ。これは，第二次大戦後のフランスにおいて，バカンスの一形態として自然発生的に始まった，というグリーンツーリズムの出自による。[注1]
一方，我が国は，既存観光（たとえば，温泉地，スポーツ合宿地）の活性化，あるいはオフシーズン対策（スキー場など）という当初の動機づけもあり，これらとグリーンツーリズムとの混在が指摘される。

そのため，一般的に「グリーンツーリズム」と言うと，農村部の自治体が推進する既存観光を含めた観光活動（自治体全体を範域とする）を指す場合が多い。つまり，農村地域における観光活動は何でもグリーンツーリズムとされ，きわめて幅が広く多種多様な観光活動になっているのである。[注2)]

一方，やや狭い意味では，一般的な農村において，その景観を楽しみ宿泊や農作業などの体験をする観光活動を指すことが多いようだ。

本節では，以上よりもさらに狭い意味でのグリーンツーリズム，つまり，大規模開発がほとんど見られない農村を舞台に，農村景観を楽しむ観光活動の実態があり，住民が主体となり，地域づくりの一環として，地域住民と都市住民の交流を企図し活動を推進するものを取り上げ考察する。

また欧州ではグリーンツーリズムの宿泊施設は，ほとんどの場合，農家民宿である。それに対して日本では，農家民宿だけでなく，自治体等が建設し自治体関係組織や地域住民組織が運営するタイプの宿泊施設が多い。これは日本においては民家が木造のため，農家，都市住民の双方にとってプライバシーの確保が障害となること，農林水産省が政策的に地域活性化策としての導入を主導し，そのため，自治体や集落組織等団体が推進主体となる事例が多いことによる。

4-2-2　グリーンツーリズムと地域再生

本項では，グリーンツーリズムは，どのような点で地域の再生に有用なのか，その中で，空間管理の再生はどのように位置づけられるのかを整理する。

まず観光産業としての経済的効果が挙げられる。多くの場合，グリーンツーリズムは安定した雇用や地域経済への波及効果を期待して，導入されている。

次に，地域特有の景観，自然，文化を活かし，むらづくりの一環として，地域住民が主体となって，地域の魅力を再発見し，観光客

4章　地域空間管理の再生へ向けて

に対して演出する観光活動であれば，地域住民にとって地域アイデンティティの再発見につながり，地域の自然環境や居住環境を改善する契機となるであろう。（後述の「ほたるの里」等）。また，グリーンツーリズムのリピーターがIターン者となり，高齢化した地域社会で担い手となる可能性もある（1章3節のKM集落等）。

　さらに，農業との関係についても考察する。観光客が，農産物や農産物加工品を買い，あるいはその後，宅配など直売の顧客となり，市場とは異なる販路を開拓することになる。同時に品質が良く高額な商品，あるいは市場に出せない規格外の商品であっても，観光客の来訪した体験と結びつくことで購買が促進される。

　地域居住者の定着や農産物需要の増大，観光客に見られているとの意識から耕作放棄が減り，農村空間が持続する可能性も考えられる。[注3]

　実際には，こうした効果が明確に表れる事例はまれではあるが，先進事例を見る限り効果を見込んだ仕組みづくりは可能である。

　次項では，i）地域住民の主体的な参加に関する問題を検討し，ii）グリーンツーリズムの上記のような間接的な空間管理に果たす役割だけでなく，直接的な空間管理に果たす役割を検証するため，グリーンツーリズムを契機とする環境管理，グリーンツーリズム経営体が行う農地管理の事例を取り上げる。

4-2-3　グリーンツーリズムと空間管理

　グリーンツーリズムが空間管理に一定の役割を果たすことを検証するため，共同空間の管理，農地の管理が行われる事例をそれぞれ取り上げる。

　具体的には，グリーンツーリズムを契機とする共同空間の管理の実態を確認し，その可能性を論じ，住民が主体的に関わるための課題を整理する。次に，グリーンツーリズムによる農地管理の実態を見て，最後に農地管理の計画的支援の可能性を考察する。

2節　グリーンツーリズムによる空間管理

(1) 調査対象地の概要

(i)「ほたるの里」(奥米地集落)

　兵庫県旧養父町(現養父市)奥米地(おくめいじ)集落については，1章1節において伝統的な集落空間管理の変遷を見たが，同地域は同時に，「ほたるの里」の名称でグリーンツーリズムに取り組む地域である。空間管理を地域づくりの柱としており，また調査協力が容易に得られたことから，本節の対象地に選定した。本節に関わる調査の時期は2000年である(図4-2-1，詳細は1章1節を参照)。

　集落内河川の汚染が進みホタルが減少したことに危機感を持った自治会の有志が，農薬の低減や合成洗剤の不使用を目指す運動を立ち上げた(1982年頃)(図4-2-2)。運動の結果ホタルが増えた。そこで，自治会が中心となりほたる祭りを開催すると(1987年)，住

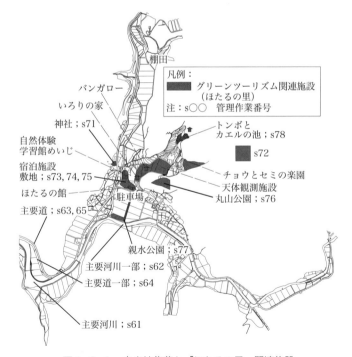

図4-2-1　奥米地集落と「ほたるの里」関連施設

4章 地域空間管理の再生へ向けて

```
1972年  兵庫県自然環境保全地域指定（ゲンジホタル）
        →川の汚染によりホタルが減少
        →生物・自然に関する勉強会により洗剤や農薬の制限を行
         い，川を清掃する運動に
1984-1987年  米地域むらづくり推進会議開催
1987年  第一回ほたる祭りを開催し大成功
        むらづくりの本格化
        村崎マサミ氏（リーダー）
        「ホタルの生きられないムラに人は生きられない」
        →菖蒲園づくり（集落日役）
        丸山公園
        グラウンドつくり（集落日役）
1988年  地域アドバイザーの受入
        ほたるの里創造協会を設立
        桜並木の植樹と歩道づくり（集落日役）
1989年  ほたるの館がオープン
1990年  カエル池，トンボ池，チョウとセミの楽園
1991-1993年  サイクリングロードの整備
1994年  自然体験学習館めいじオープン
1996年  希望の村整備事業（阪神淡路大震災遺児の心のケア事業）
        バンガロー，いろりの家，希望農園
1999年  村崎マサミ氏（リーダー）　急逝
        天体観測施設の整備
1999-2000年  親水公園，用水路等整備
2000年  ほたるの資料館整備
```

図4-2-2　ほたるの里に関わる年表

民の予想を超える8000人もの観光客が訪れた。それを契機として，「ほたるの里創造協会」が設立され，ほたるの館，カエル池，トンボ池，体験農園(1989年)，バンガロー，いろりの家(1996年)，かぶと虫体験ハウス(1997年)，天体観測施設，親水公園(1999～2000年) と，小規模な施設を，時間をかけ段階的に整備してきた（以下では，グリーンツーリズムに関連する施設および組織を「ほたるの里」，「施設」と表記する）。また，地域全体でホタルの生息環境のための河川の雑草刈り，カワニナ（ホタルの幼虫の餌）の養殖等に取り組んできた。年間入り込み宿泊客数は調査時点では2万5000人程度であり，滞在形態は，自然観察や農業体験，伝統文化体験（児童団体客），散策，何もしない（家族連れの個人客）等である。施設は，任意団体であるほたるの里創造協会（集落52戸のうち51戸が加入）が経営し，農家からの借地を利用している。

(ii) 荒谷集落（トンキラ農園）

トンキラ農園は、ユニークな地域づくりの事例として知られる。農地管理を行うトンキラ農園および長野県旧浪合村（現阿智村）の調査協力が得られたので、同農園および立地集落（荒谷集落）を調査対象とする。調査時期は2003年である（図4-2-3、図4-2-4）。

旧浪合村は長野県の南西端に位置し、標高が900～1200mである。総面積の97％が急峻な傾斜地で平坦地が乏しく、「過疎地域」、「山村振興地域」に指定される。荒谷集落は、高原野菜を主たる作目とする46戸の集落である（農地面積は5.7ha、耕作放棄地率7％）。

1988年に荒谷集落の生活改善グループと旧浪合村職員が中心となって、集落内の遊休農地を活用するトンキラ農園の構想を立ち上

図4-2-3　荒谷集落の位置

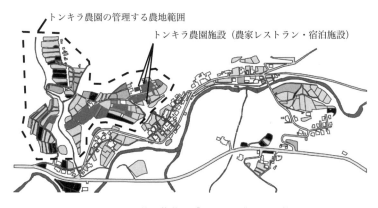

図4-2-4　荒谷集落と「トンキラ農園」の位置

げた。1991年に伝統食を出す飲食施設（古民家を移築），宿泊施設，農業体験が可能な農園が整備され，地元農家を中心とするトンキラ農園農事組合法人が設立され，村から施設の管理委託を請けた。また，宿泊客に農業体験を義務づける（実質的には義務ではなく希望者のみが行う）などユニークな取り組みを行っている。

(2) グリーンツーリズムを契機とする共同空間管理と住民参加の課題

集落代表者らに対してヒアリング調査を実施し，奥米地集落における主体，ほたるの里，共同空間の関係を図4-2-5に示し，グリーンツーリズムと共同空間管理について考察する(i)，(iii)。また，地域住民のうち，農業との関連を見るため非農家を除いた44軒にヒアリング調査を行い，農地と庭に関する空間管理およびグリーンツーリズムへの参加実態，意識を聞く(ii)。

(i) グリーンツーリズムを契機とする共同空間管理（奥米地集落）

空間管理の主体は，集落自治会，老人会，婦人会，ほたるの里従業員，ほたるの里役員，地域住民，と多様である。まず，ほたるの里の設立以前から行われる共同管理は7種で，設立を契機に新規に始められた共同管理は11種である。内訳は，ほたるの里関連施設の管理が7種，山林管理が2種，河川の管理が2種で，山林管理については，都市側交流団体の希望で始められ，河川管理については，ホタルの生息環境の向上と観光客の川遊び環境の確保のため行われている。都市側交流団体が参加して行われるものは，山道管理（県青少年団体），宿泊施設のペンキ塗り（同），共有林管理（森林ボランティア団体）である。また，空間管理ではないが，かぶと虫体験ハウス建設の際には，都市側交流団体である学習塾から資材の提供を受けた。集落の共同作業としては，河川の雑草刈り（自治会主導），ほたるの里全般の雑草刈り（協会主導）がある。一部の住民が参加する作業は，河川の雑草刈り（ほたるの里役員），施設の雑草刈り（婦人会），施設の花壇の管理（婦人会），公園の雑草刈りと水管理（老人

2節　グリーンツーリズムによる空間管理

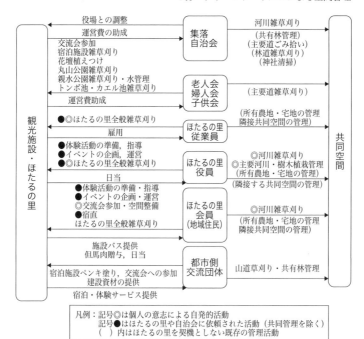

図4-2-5　ほたるの里における主体，施設，共同空間の関係

会)，カエル池，トンボ池の雑草刈り（子供会）である。

　ほたるの里設立を契機とした個人による管理は，河川の雑草刈りおよび植栽管理（ほたるの里役員，地域住民有志）と施設の雑草刈り（ほたるの里役員，ほたるの里従業員）である。なお，河川の雑草刈りおよび植栽管理は個人の意志で自発的に行われているが，ほたるの里全般の雑草刈りについては，施設からの依頼で，有償で行われる場合もある。さらに，観光客を意識して，屋敷地や農地の雑草刈りを以前より熱心に行う住民も見られる。

　まとめると，グリーンツーリズム施設の整備に伴い，施設や共同空間の管理が新たに実施されるようになった。また，ほたるの里従業員，役員ばかりでなく，都市側交流団体や地域組織が管理を実施している。また，ほたるの里から頼まれ，あるいは自発的に，一般

4章　地域空間管理の再生へ向けて

住民が個人単位で管理を実施する．このように，重層的な空間管理が見られる．注目すべきは，①グリーンツーリズムを契機とし，地域組織が共同空間の共同管理を新たに始めたこと，②グリーンツーリズムを契機とし，住民が共同空間の管理を自発的，個人的に始めたこと，③住民が観光客を意識し，屋敷地や農地の管理を以前より熱心に行うこと，④都市側交流団体が管理に参加することである．

全国の中山間地域自治体に対するアンケート調査を行ったところ，グリーンツーリズムを契機として共同空間の管理作業が新たに行われるようになった事例は50件であった．[注4]

以上より，グリーンツーリズムを契機として，住民による空間管理の量や質が向上する可能性，都市住民による空間管理が行われる可能性を示した．

(ii)　農家のグリーンツーリズムへの参加と意識（奥米地集落）

農家のグリーンツーリズムへの参加の実態と意識を見る（表4-2-1，意識に関するデータは割愛）．農家の類型化は1章2節に示した手法を用い，庭・自給野菜畑管理作業頻度全般が高い「非水田高レベル型」，庭・自給野菜畑管理作業頻度全般が低い「非水田低レベル型」，水田管理作業頻度全般が高い（「非水田高レベル型」，「非水田低レベル型」に属する農家を除く）「水田高レベル型」，水田管理作業頻度全般が低い「水田低レベル型」，水田管理作業頻度全般，庭・自給野菜畑管理全般が中程度の「水田・非水田中レベル型」に分類した．

グリーンツーリズムへの参加理由について，仕事や家庭事情を理由に「積極的な参加はできないが，つきあいで参加している」との意見が，広く見られる．また「村おこしが若者の定住に必要なこと」，「特別な役割を分担する責任感」を理由に挙げ，「積極的に参加する」との意見が，「水田高レベル型」，「水田・非水田中レベル型」で見られ，特に，「水田高レベル型」の半数に該当する．

グリーンツーリズムの集落に対するメリットについて，「都市住民との交流が楽しい」，「人が来ることによって賑やかになった」が，

2節　グリーンツーリズムによる空間管理

表4-2-1　グリーンツーリズムへの参加状況と農家類型

農家番号	参加状況の詳細 ①交流会の準備・参加	②自主的空間管理作業	③イベント,体験活動の準備,指導・管理作業等	④従業員	④宿直	④役員	参加状況の類型	農家類型	立ち上げ時中心メンバー	耕作規模	世帯員
42	○	○	―	―	―	―	積極型	非水高	―	1.3	6
14	○	―	―	○	―	―		非水高	―	2.7	7
5	○	―	―	―	○	○		水高	○	1.4	6
24	○	―	○	―	○	○		水高	○	11.2	6
33	○	○	○	○	―	―		水高	―	2	5
36	○	○	○	―	○	○		水高	―	11.7	4
39	○	○	○	―	―	―		水高	―	4.3	3
13	○	○	○	―	○	○		水高	○	1.6	6
1	○	○	○	―	○	○		水・非水中	―	3.1	5
7	○	○	○	―	○	○		水・非水中	―	2.3	3
10	○	○	○	―	―	○		水・非水中	―	1.3	2
17	○	○	○	―	○	○		水・非水中	―	1.3	3
20	○	○	○	―	○	○		水・非水中	―	3.3	4
4	○	○	○	―	―	―		水・非水中	―	3.5	3
44	○	○	○	―	―	―		水・非水中	―	0.7	5
15	―	○	○	―	―	―		水・非水中	―	4.7	2
25	○	○	○	―	―	―		水・非水中	―	1.3	3
38	○	○	○	―	―	―		水・非水中	―	2.1	2
34	○	―	―	―	○	―	中間型	非水高	―	2.3	6
6	―	―	―	○	―	―		非水低	―	1.8	2
40	―	―	○	―	―	○		非水低	―	11.3	2
41	○	―	―	○	―	―		非水低	―	4.6	2
30	―	―	―	―	○	―		水高	―	4.5	7
35	―	―	―	○	―	―		水高	―	4.6	5
11	○	―	―	○	―	○		水低	―	0.15	6
21	―	―	○	―	―	―		水低	―	0.1	5
16	―	―	○	―	―	―		水・非水中	―	5.4	4
2	―	―	―	―	○	○		水・非水中	―	1.6	2
8	○	―	―	―	○	○		水・非水中	―	3.3	5
9	―	―	―	―	○	○		水・非水中	―	5.6	6
18	―	―	―	○	―	―		水・非水中	―	2.65	2
22	―	―	○	―	○	○		水・非水中	―	1.4	5
23	―	―	―	―	○	○		水・非水中	―	2.4	4
28	○	―	―	―	○	―		水・非水中	―	2.3	6
26	―	―	―	―	―	―	消極型	非水高	―	0.65	3
3	―	―	―	―	―	―		水低	―	0.1	1
12	―	―	―	―	―	―		水低	―	0.1	3
19	―	―	―	―	―	―		水低	―	0.1	2
27	―	―	―	―	―	―		水低	―	0.1	5
29	―	―	―	―	―	―		水低	―	0.1	2
32	―	―	―	―	―	―		水低	―	0.2	1
37	―	―	―	―	―	―		水低	―	0.1	2
31	―	―	―	―	―	―		水・非水中	―	2.1	3
43	―	―	―	―	―	―		水・非水中	―	3.2	3

凡例
非水田高レベル型：非水高，非水田低レベル型：非水低
水田高レベル型：水高，水田低レベル型：水低
水田・非水田中レベル型：水・非水中

4章　地域空間管理の再生へ向けて

「水田低レベル型」では若干少ないが，過半のサンプルにおいて見られる。また，「地域の誇りが醸成された」が，「水田高レベル型」の半数に見られる。さらに，「雇用が促進された」，「空間が整備された」との意見も見られた。

興味深いのは，グリーンツーリズムの経営について否定的な意見（「一部の者が利益を享受している」等）を持つ者であっても，「人が来ることによって賑やかになった」，「町の中でも田舎で肩身が狭かったが自慢できるようになった」など，グリーンツーリズムの存在については肯定的な意見を持つことである。つまり，積極的に参加する世帯への嫉妬はあるが，活動自体は評価しており，こうした消極的な肯定（黙認）が活動の持続には重要であると考える。

今後の課題について聞くと，①役員，非役員の相互理解と世代交代，②騒音問題，③住民への利益還元，④交通問題やごみの問題，⑤採算性と田舎らしさの両立，⑥今後の維持管理費，等が挙げられている。

グリーンツーリズムへの参加形態を見ると（図4-2-5），①交流会の準備と参加，②施設や共同空間の管理，③イベント，体験活動の企画，準備，指導，④役員，従業員，宿直など，施設の運営業務が挙げられる。これを指標として，農家の参加状況を整理し，A）①②③に挙げた活動に全く参加せず，④の業務も引き受けない「消極型」，B）①②③に挙げた活動のうち2種以上に参加する「積極型」，C）上記A），B）のいずれでもない「中間型」に整理できる（表4-2-1）。

「積極型」は，ほたるの里建設当時から中心的な役割を果たしてきた農家に多く，「消極型」は，耕作規模が少なく（1反以下），世帯員数が少ない（1〜3人）農家に多い。次に，農家の類型で見ると，「水田高レベル型」は，「積極型」に多い。また，「水田低レベル型」は，「消極型」に多く，「水田低レベル型」，「非水田低レベル型」は，「積極型」には見られない。つまり，水田管理に注力する農家（「水田高レベル型」）は，所有農地も広くさまざまな空間と隣接

し，農業用水の管理などに参加し，集落を共同で管理する意識が高く，集落で行うグリーンツーリズムにも積極的である。一方，庭や自給野菜畑など面積が狭く，私的性格が強い空間の管理に注力する農家（非水田高レベル型）は，必ずしもグリーンツーリズムに積極的ではない。つまり，空間管理頻度の全般的傾向と管理に注力する空間の種類によって，ある種の共同性の表れである集落経営型のグリーンツーリズムへの態度が異なっている。また，水田であっても，庭あるいは自給野菜畑であっても管理レベルの低い農家は，担い手が不足していて地域外に勤務する世帯員が多く，グリーンツーリズムへの参加も消極的とならざるをえない。つまり，世帯毎に見ると，注力する専有空間の種類と農作業へ参加する労働力が，グリーンツーリズムへの参加を規定している。

(iii) 利益の還元（奥米地集落）

奥米地集落において，ほたるの里と主体の関係（図4-2-5）を見ると，地域組織からほたるの里へ労力や技術の提供を行う（交流会の準備と参加，イベント，体験活動の企画・準備・指導，空間管理作業の実施）。同時にほたるの里から地域組織へ運営費の助成，事業費の助成，作業に対する日当支給，但馬肉の贈与，施設バスの提供を行い，利益を地域住民にさまざまな形で還元する。施設に正規職員，パートとして雇用される者は住民の一部で，こうした住民への利益還元は，空間管理，グリーンツーリズムの持続に重要な役割を果たす。そもそも，住民が所有する農地や屋敷地を管理することで，農村景観が保全され，これを観光資源と考えると，利益の還元は当然行われるべきである。ただし，地域住民へのインタビューからは，「還元が足りない」，逆に「自発的な行為にお金は必要ない」などさまざまな意見が見られ，考え方の整理ができているわけではない。

つまり，観光事業，景観管理に関しては地域住民の無償かつ自発的な活動の果たす役割が大きい。観光活動からの利益還元は重要であるが，利益還元ばかり強調すると住民のボランティア精神，相互

4章　地域空間管理の再生へ向けて

扶助精神が失われていく可能性もあり，これらのあり方については集落で議論を継続していく必要がある。

(3) グリーンツーリズムによる農地管理

トンキラ農園のある荒谷集落においては，グリーンツーリズム施設の代表者に対するヒアリングと集落農家に対する悉皆ヒアリング調査を行い，集落空間全体の中で施設による農地管理が果たす役割を考察する(i)。またほたるの里のある奥米地集落については，前項の調査結果をもとに，農地を管理する世帯の属性を地図上にプロットする(ii)。

(i) グリーンツーリズム経営体が行う農地管理（荒谷集落）

旧浪合村荒谷集落に位置するトンキラ農園は，1.2haの野菜畑を従業員が管理するところに特徴がある。この野菜畑は，観光客の農業体験用であると同時に，飲食施設で使用する食材，土産用の各種野菜を栽培する。

この野菜畑の集落全体の農地管理に果たす役割を見る。1.2haの農地は，集落全体の経営耕地面積5.3haの23％で，年間の管理作業時間は，集落全体農地管理作業8754時間の13％を占める。つまり，高齢化が進み農地が狭小な集落において，グリーンツーリズム経営体が，集落全体の農地面積の約2割，農地の年間管理作業時間の約1割を担っている。

全国の中山間地域自治体に対するアンケート調査を行ったところ，グリーンツーリズムによる農地の管理面積が1ha以上の事例は16件見られた。[注5]

グリーンツーリズムは，農地を観光資源の一つとして活用し，集落の空間管理に寄与する可能性を示している。別の言い方をすれば，グリーンツーリズムを，地域の活性化だけでなく，集落空間管理の持続に役立つツールとして設計することが提案できるのである。

(ii) 農地の管理者属性と支援の可能性（奥米地集落）

　上記(i)では，グリーンツーリズム経営体が農地管理を行う事例を示した。農地の管理について，これに加え，援農ボランティアや市民農園，オーナー制度など，都市住民の労働力や資金の活用が考えられる。

　以下では，受入側の集落で，どのような農地がどのような支援を必要とするのかを客観的に示す。これは，都市住民の労働力や資金を計画的に活用する手法の提案である。

　上記「(2)(ii)農家のグリーンツーリズムへの参加と意識（奥米地集落）」のデータを用い，集落地図に，農地管理者の類型，不在地主，後継者の有無をプロットする（図4-2-6）。その結果，管理が不足している場所，集落外居住者の管理農地への雑草刈り作業，「水田低レベル型」管理農地への手作業，手間作業，「非水田低レベル型」管理農地への機械作業，要筋力作業が必要とされる場所が地図上で確認でき，支援のための基礎資料となる。

　同時に，地図を作ることで，地域社会として，空間管理の重要性の認識，将来に対する危機感を具体的なかたちで共有することができる。これはいわば，農地管理のハザードマップでもある。

　最後にグリーンツーリズムと空間管理を展望する。筆者が当該地域において空間管理の研究を始めて15年あまりが経つが，その間，過疎化，高齢化は進行し，農村空間の荒廃は確実に進んでいる。このような状況下で，近年では，グリーンツーリズムに限らず管理を主な目的とする活動（里山ボランティア，援農ボランティアなど）が広がりを見せている。政策面でも，農林水産省の「中山間地域等直接支払制度」，「多面的機能支払交付金（旧農地・水保全管理支払交付金）」など，空間管理に対して国土保全の観点からの補助金制度も充実してきた。

　グリーンツーリズムを取り巻く状況を見ると，宿泊者数や宿泊施設数の統計上，増加傾向にある。一方で，クラインガルテン（滞在型市民農園）や田舎暮らし（Ｉターン）など，観光活動より，深く，

4章 地域空間管理の再生へ向けて

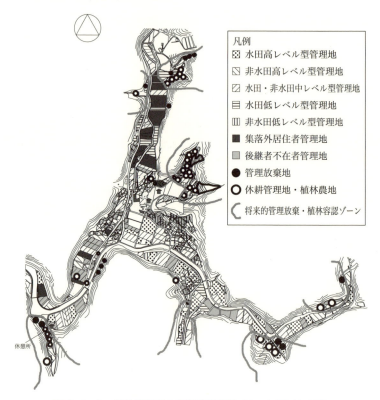

図4-2-6　農地管理者の空間管理類型プロット図（奥米地）

長く農村を体験することにも注目が集まっている。依然としてグリーンツーリズムは，農村へのイントロダクションとしての価値を持つが，その緩慢な普及の一方，話題性はなくなってきたと言える。

　たとえば，グリーンツーリズムと類似の概念に「エコツーリズム」がある。エコツーリズムは，もともと，ガラパゴス諸島やコスタリカの熱帯雨林など原生自然の観光が出自である。こうした観光に自然保護や地域社会との調和の理念が付加され，また原生自然だけでなく二次的自然（つまり里山を含む農村）をも対象とするようになり，部分的にはグリーンツーリズムときわめて類似した概念や活動を行っている。たとえば，農家民宿等による地域活性化を，長野

県飯田市では「エコツーリズム」と呼ぶ。近年，エコ（環境）という言葉の力もあるのか，グリーンツーリズムは，エコツーリズムにやや押され気味である。

またグリーンツーリズムの所管は農林水産省で，エコツーリズムのそれは環境省である。省の政策全体の中でそれぞれのツーリズムをどのように位置づけるかも両ツーリズムの浮沈に関わる。

空間管理の概念および管理作業の定量化や評価の手法を，グリーンツーリズムだけでなく，里山ボランティア，援農ボランティア，エコツーリズム等さまざまな取り組みの中で援用することが今後の課題である。

章のまとめ
(1) 中山間地域の展望

中山間地域における空間管理の再生について，①グリーンツーリズムや家畜による雑草対策など，空間管理を行う現代的な目的を見つけること，②同心円モデルを援用し管理範域の検討を行うこと，③農家の空間管理作業を類型化し，管理する農地に地図上でプロットし，都市住民による管理支援を検討すること，④10年以内の空き家を優先的に支援すること，⑤近隣の中心集落や地方都市に転出者を定住促進させること，⑥Iターン世帯を空間管理の担い手として積極的に誘致し，旧住民との意見交換，交流の場を設けることが提言できる。

(2) 都市近郊地域の展望

都市近郊地域の空間管理の再生については，①管理放棄地については私権の制限を行うこと，②都市住民との日常的交流を前提とする都市近郊型の空間管理のビジョンを描くこと，③産廃・残土に対応した法整備を推進すること，④地域の中で大きな位置を占める建設業を，林地，自然地を再生する業態へと転換させること，⑤国土全体で産廃の排出や処理について，工業専用地域への埋め立てに限

4章 地域空間管理の再生へ向けて

るなどの構造的議論が提言できる。

(3) 地域コミュニティの展望

地域コミュニティの再生については，農村地域の住民においても生活の個人化が進行しており，余暇活動も地域空間とは遊離しており，また世代間，職業，あるいは個人により交流に関する価値観の差異は大きく，伝統的価値観を尊重しながらも，こうした現状を許容する議論を集落で行うことが提言できる（関連考察は補章を参照）。

(4) グリーンツーリズムによる空間管理の再生

グリーンツーリズムによる空間管理の再生について，グリーンツーリズムを契機として共同空間の管理を住民が新たに始め，あるいはグリーンツーリズム経営体が1ha以上の農地管理を行う事例が見られる。こうした観光活動と空間管理をリンクさせる仕組みをつくることが提言できる。同時にグリーンツーリズム以外の環境管理活動においても空間管理作業の定量化による計画的な労働力の配置が提言できる。

注釈
注1) グリーンツーリズムの概念を初期に日本に紹介したものが文献1）であり，その後，文献2）のように農水省においてグリーンツーリズムの概念が検討されている。また欧州におけるグリーンツーリズムの実態を詳細に紹介した初期のものが，文献3）である。その後の日本におけるグリーンツーリズムの実態を分析した文献として，文献4），5）が挙げられる。
注2) 文献6）では，グリーンツーリズムに関して全国の自治体に対するアンケート調査を行い，既存観光との混在を指摘する。
注3) 文献7）では，このように，グリーンツーリズムが農業経営上も有利な点を明らかにする。
注4) 調査時期を変えて，全国自治体に対するアンケート調査を行い，集約したもので，有効回答144件中35件（文献8）および有効回答74件中15件が該当した（文献6）。

注5） 全国自治体に対するアンケート調査を行い，有効回答144件中16件が該当した（文献8）。

参考文献
1） 佐藤誠：リゾート列島，岩波書店，1990
2） 21世紀村づくり塾：グリーン・ツーリズム，21世紀村づくり塾，1992
3） 山崎光博，小山善彦，大島順子：グリーン・ツーリズム，家の光協会，1993
4） 井上和衛，中村攻，山崎光博：日本型グリーン・ツーリズム，都市文化社，1996
5） 青木辰司：グリーン・ツーリズム実践の社会学，丸善，2004
6） 齋藤雪彦・中村攻・木下勇：グリーンツーリズムの趨勢に関する研究：ランドスケープ研究，61(5)，pp.759-762，1998
7） 齋藤雪彦，椎野亜紀夫：農業資源活用型観光活動の実態に関する事例研究，ランドスケープ研究，65(5)，pp.779-784，2002
8） 全銀景，齋藤雪彦，千賀裕太郎：中山間地域におけるグリーンツーリズムの取り組みと農地管理及び共同空間管理の可能性に関する考察，農村計画論文集，5，pp.211-216，2003
9） 齋藤雪彦，中村攻，木下勇，椎野亜紀夫：中山間地域における集落空間管理とグリーンツーリズムの関係に関する研究，ランドスケープ研究，64(5)，pp.887-892，2001
10） 齋藤雪彦：グリーンツーリズムで川や畑を守る，季刊まちづくり，16，pp.40-43，2007
11） 齋藤雪彦，筒井義冨，椎野亜紀夫：景観管理システムを内包させたグリーンツーリズムの計画に関する検討，農村計画論文集，4，pp.103-108，2002
12） 齋藤雪彦：集落空間管理とグリーンツーリズム，国立民族学博物館調査報告，51，pp.247-279，2004
13） 全銀景，齋藤雪彦，筒井義冨，千賀裕太郎：中山間地域の果樹作集落及び水田作集落における生産空間の空間管理作業時間に関する分析，日本建築学会計画系論文集，592，pp.101-108，2005

補章　地域づくりと地域の再生を目指して
　　　—地域づくりの現場から学ぶ—

　本書は空間管理に関する研究を取りまとめたものであるが，これら研究の過程で筆者は，多くの地域づくりを調査し，いくつかの活動に関わってきた。地域づくりを始めようとする方，既に始めている方に対して，何かヒントになればと思い，補章を設け，地域づくりに関わる論点を整理した。ただし，前章までと異なり，必ずしも調査に基づく科学的論拠があるわけでなく，内容の多くは，筆者の私見や主観であることも付記したい。

　前章まで，空間管理の概念整理を行い，いくつかの計画技術的な提言を行った。しかし，こうした提言の多くは，地域を改善しようとする住民の主体的な活動，つまり地域づくりとリンクして初めて有用性を持つものであろう。というのは，空間管理の分析を行いこれに基づく管理計画を策定したとしても，実際に日常的な草刈り作業をどの程度行うかは，地域組織や住民1人ひとりの意思によるからである。たとえば，4章2節の兵庫県旧養父町の事例は，地域づくりを通じて空間管理の新たな展望を見たと言えよう。

　計画や地域づくりにおける住民参加の重要性は，今日，広く認識されるようになった。今や，財政難，合併による広域化によって自治体の機能は衰えている。これを住民参加による地域づくりで補完し，生活の実態に合うガバナンス，すなわち，法的拘束やトップダウンによる強制的な統治でなく，健全な議論による統治を行う絶好の機会である。同時に，地域住民のトータルな生活の質の向上を考えるためには，空間管理だけでなく，地域の産業，地域コミュニ

補章　地域づくりと地域の再生を目指して

ティの再生など多面的に検討する必要がある。

　4章までで取り組んできた空間管理という視点は，地域づくりで実践するさまざまな活動目的の一つでもある。補章では，そうした空間管理に限定しない，地域づくりの枠組みの全体像から，地域の再生を考察する。すなわち，地域づくりの意義，到達点，活動目的を整理し，住民の主体性，専門家の役割，地域コミュニティ，地域産業との関係，支援制度について考察する。複雑な社会現象である地域づくりの姿を多面的に明らかにし，望ましいあり方を考える上での論点を示すことが本章の目的である。

論点1　地域づくりの目的と地域の再生

　農山村地域は，魅力ある産業がなく，伝統的（封建的）価値観が残り，魅力のある施設が少なく，大学受験に不利な「ダサい」場所であると考える若年層も多い[注1]。その結果，若年層が地域から流出し，高齢化が進行する。

　こうした若年層が地域に戻る（定年前後であっても），あるいは都市住民が地域に移り住む（＝Iターン）ようにするためには，どうしたらよいだろうか。

　そのためには，まず，こうした課題を一つ一つ改善しながら，むしろ豊かな自然や人情など，地域の良いところを見つけ磨いていき地域の人々自身が楽しみながら生活していくことが大切ではないか。地域づくりを始めた契機として，このような話がよく聞かれる。たとえて言うなら，人は元気がなく不機嫌な人のところには集まらず，魅力的で楽しそうな人のところに集まるものである。また，元気がなく不機嫌な人も，さまざまな努力によって，また考え方を変えることで，魅力的で楽しい人へ変わるものだ。

　すべての地域で地域づくりは必要なのか。地域の課題を解決し，良いところを磨く行為は，人々の日常の生活で既に行われているのではないか。地域づくりという言葉は，一般的に，「地域活性化」，

「地域おこし」などの別の表現もある。本書では，「やらねばならない」というニュアンスが強い「地域活性化」，「地域おこし」ではなく，地域づくりという言葉を使いたい。

　一方，農村地域は過疎化，高齢化，生活の個人化によるコミュニケーションの不足などさまざまな課題を抱えている。こうした課題を放置すれば，生活を成立させてきた基盤が将来的に失われていくと住民が感じ，しかも現在の仕組みでは対応できない場合には，明示的，意識的に，地域の課題を解決し良いところを磨くこと，つまり地域づくりが，有効な手法の一つであると考える。ただし，地域づくりを始めるかどうかは，あくまで地域住民の意思による。つまり，地域の問題の深刻さとこれに対する住民の認識，こうした活動を始める契機との出会いによって，地域づくりは始まるのだ。

　地域の再生という点について，東日本大震災被災地域において復興まちづくり，生活回復の調査にあたっている経験から述べたい。[注2]

　被災者に対して，震災前後の生活についてインタビューを試みると，人々の生活を支えていた要素が改めて浮き彫りになり，そうした要素の，震災を契機とする欠如が生活の復興を妨げていることがわかる。

　人々の生活は，①家族，親戚の存在と彼らによる支援，②仕事による経済的自立と生活の張り，誇り，③余暇生活（特に年金生活者にとって），④近隣や仕事を通じたつきあいによる自己確認，気晴らし，⑤買い物，医療，交通などのインフラ，⑥徒歩で移動可能な居住空間（震災により，元の居住地と，仮設住宅，高台移転地など新しい居住地が分離し，遠隔化する事例が多い）等に支えられていることが改めて確認できる。

　「日常生活がいかに幸福であったか震災後に気づいた」との主旨の発言は多く聞かれる。イベントなど一過性の地域づくりは，契機としてある程度の意義はあるものの，そうした活動によって地域の再生が実現するのではない。当たり前の必然とでも言うべき生活を構成するさまざまなことがらに目を向ける必要がある。つまり，地

補章　地域づくりと地域の再生を目指して

域を新たに生き返らせる（再生）というよりは，今ある家族，親戚ネットワーク，仕事，余暇生活，つきあい，買い物，医療，交通などのインフラ，徒歩で生活可能な居住空間，これらに裏打ちされる将来に対する希望といったものの持続が重要なことである。そのために，新しい活動，産業，福祉の仕組みをつくり出すことが地域の再生であり，地域づくりの目的である。美しい農村空間，管理された農地は，こうした地域の再生の結果の一つなのである。

地域の再生とは，地域の伝統や文化，自然を尊重しながら，地域住民の暮らしの持続に必要な機能（経済，コミュニティ，余暇環境，自然環境，生活利便施設，居住環境，農林業環境等）が劣化している，あるいは今後劣化する可能性が高い地域において，こうした機能の劣化を改善する，あるいは劣化を防ぐこと，と定義できる。つまり，地域づくりとは，住民が主体的，意識的に行う，地域の再生を目的とする活動である。

論点2　地域づくりの到達点とは何か―地域の再生は可能か―

学生から「グリーンツーリズムで地域の再生は可能か」という質問を受けることがある。

農村地域は多種多様であり，当然ながら，すべての地域でグリーンツーリズムが有効であるとは言えない。地域住民にこうした施策を受け入れる意思があるのかどうか，ツーリズムとして成立する地域資源や地域体力があるのかどうかが問題である。たとえば，混住化が起き大規模な住宅地開発の進む都市近郊農村地域では，宿泊してまで滞在するほど，来訪者を惹きつける魅力があるだろうか。また，いわゆる限界集落では，来訪者を受け入れる担い手が既にほとんどいないような場合もある。つまり，グリーンツーリズムはあくまでも意思や体力のある一部の地域において有効な施策であると考える。

また先の質問には，そもそもグリーンツーリズムによって地域を

再生することが可能なのかどうか，との意味が含まれている。しかし，地域が再生した状態（「成功した」，「活性化した」ともよく言われる）の定義や基準が定まらないところで，こうした議論を厳密に行うことは難しい。

本書では具体的な議論のためにグリーンツーリズムを取り上げたが，地域づくりにまで広げてみると，ある地域で，「地域の再生は成功したのか」，「その成功要因は」との問いに対しては，複雑な社会現象に対して，再生のゴールをどこに設定するか，再生の評価基準をどうするかは，主観的な判断になるため，厳密には回答することができない。たとえば「住民間のコミュニケーションが活発になった」ことを客観的にどう示すのか，あるいはどのような状態になったら成功と言えるのか。地域での会合の増加など客観的指標を用いようとすれば，かえって本質を見誤る恐れがある。そこで，「地域の住民が元気になったから，それでよい」，「地域経済へのインパクトはほとんどない」等のさまざまな意見が出てくる。こうした意見は，地域コミュニティの再生に関わる側面，地域経済の再生に関わる側面の一方の面を見ているようだ。また，地域づくりはコミュニティ，経済，福祉，自然環境，居住環境など，さまざまな側面からアプローチをしている多種多様な活動の総称でもある。地域づくりは，こうしたさまざまな側面を持つ多面的で複雑な社会現象であるため，学術的な理論化や評価基準の作成は難しいのも事実である。

地域づくりには，推進すること自体に意義があるとの視点，活動の目に見える成果が大事であるとの視点があり，両方の視点が必要だと考える。同時に，専門家として，地域づくりを暖かく見守り育てていこうという立場と，客観的に地域での現象を観察し改善していこうとする立場がある。筆者は両方の立場が必要だと考える。

こうした視点の偏り，立場の混同に注意しながら，私たちは地域づくりを理解し議論する必要がある。たとえば，仮設住宅に住む被災者に「地域づくりは，成果がどうあれ，推進すること自体に意義

補章　地域づくりと地域の再生を目指して

がある」と言えるだろうか。また，地域に対する愛情は必要であるが，根拠もなく，良いところだけを並べても進歩がない。

　本書は地域づくりの到達点については客観化しない立場を取っている。つまり，地域づくりの成功のための処方箋ではなく，むしろ地域づくりという複雑な社会現象はどのような姿なのか，どのような側面を持っているのか，何を考える論点とするべきかが重要であると考える。これをまとめながら，それぞれの地域で，より良い地域づくりを考える参考にしてもらえばありがたい。本章のねらいはそうした点にある。

論点3　地域づくりの契機について

　先に，地域づくりとは，「住民が主体的，意識的に行う，地域の再生を目的とする活動」としたが，もう少し具体的に言えば，地域の資源（環境）を見直し，あるいは発見し，現在の価値観の中で新たに位置づけし直し，これを保全，活用する行為である。

　農村における伝統的な生活行為も，本来，そのある環境の中で生きていくために，人が環境に働きかけ，環境と人との相互作用により成立したものである。生活が近代化しこうした行為の持つ経済的価値が低下する中で，地域づくりとは，新しい現代的な価値観において，人と環境の応答関係を再構築する活動であると言える。

　そうは言っても，たとえば，工場誘致や大規模リゾート開発においてはどうだろうか。これらを地域づくり，まちづくりと呼ぶことはまれではない。しかし本書では，こうした例を地域づくりとは位置づけない。地域にある固有の資源を尊重し，かつ地域住民が主体となって取り組む事例を地域づくりとして取り上げる。

　また，上記の「現代的な価値観における新たな位置づけ」は，地域外の人がもたらすという場合も多い。たとえば，4章で取り上げた「ほたるの里」の契機は，1週間で8000人もの都市住民がホタルを見にきたことに住民が驚き，その価値に気づいたことであった。[注3]

地域外の人がホタルを見にきたことによって，新しい価値に気づく（地域外からわざわざ人が見にくるほど価値がある）とともに，他者からの評価や称賛を得る心地良さを得る。これが，地域の新しいアイデンティティの形成（この地域はこういう所だ，この地域らしさとはこういうものだと住民が認識すること）につながり，この地域に住んで良かったとの思いを生む。「ほたるの里」のある集落では，多くの住民が，「人が来ることによって賑やかになった」，「同じ町の中でも，ここは田舎で肩身が狭かった。でもほたるの里ができて自慢できるようになった」などと地域づくりに対して肯定的に発言している。

論点4　地域づくりのさまざまな活動目的

　来訪者との関わりを活動の前提としている地域づくりは多い。グリーンツーリズムや，自治体の行う都市農村交流事業などは，来訪者の観光活動や，来訪者との交流を目的とする取り組みである。また，環境教育，食育，エコミュージアム，修学旅行の民泊（一般の家庭に宿泊すること）などは，地域の自然や文化を教材とし，教育を目的とする取り組みである。たとえば，北海道の長沼町では，町を挙げて修学旅行生の民泊を推進する。修学旅行生は農家に泊まって，農作業を指導してもらう。子どもたちは，やがては大人になって世論を形成する人たちである。農業が主産業の長沼町にとっては，都市の子どもたちに，農作業や農家との交流を通じて農業を心情的に理解，共感してもらうことを，長期的な自治体の戦略と考えている。もちろん，生徒との交流が楽しみであるという農家は多い。

　次に，低迷する農林業を再生する取り組みがある。たとえば，①農産物を加工し，特産品を作り，ブランド化する，②直売所を作って，直接，消費者に売ることで，規格外や少量生産の農産物（こうしたものは，高齢化や中山間地域のニーズにマッチしている）の販路を確保する，③農作業を地域で集約し，生産性を上げる（集落営農）といった取り組みが行われている。

補章　地域づくりと地域の再生を目指して

　また，住民の生活の質を維持，向上させる取り組みがある。たとえば，広島県安芸高田市川根地区では，撤退したJAのガソリンスタンドと小売店を地域が引き継ぎ，地域住民の出資で経営している。また，撤退した路線バスに代わり，オンデマンド・バス（電話で連絡があった時に運行する）を地域で運営している。これらは，自治体やJAが担ってきた公益的な機能を地域で補完する動きと言え，旧村単位の自治の新しいかたちとして注目したい。つまり，自治体に代わる地域づくり組織による自治の萌芽である。ただし，「平成の大合併」と言われる市町村合併に伴い大きな範域を持つ自治体が多く生まれ，自治体財政も厳しい状況で，農山村地域，特に中山間地域での行政サービスの低下に対応せざるをえないという側面を忘れてはならない。

　さらに，「花いっぱい運動」のように，ただ，花を植えて地域をきれいにするという取り組みもある。こうした取り組みは，特に経済的利益や住民の利便性の向上を目指すものではない。景観形成の側面はあるが，花の咲く時期は一時的であり，むしろ，地域住民が共同で作業を行い空間や場を共有することに意味がある。つまり，衰退してきた地域のコミュニケーションなど地域コミュニティの再生を目的とする取り組みなのである。

　一方，里山，森林，農地，ビオトープ，古民家，水路，河川，道路などの地域空間を管理することを目的とする取り組みもある（前章までのテーマでもあり，特にグリーンツーリズムとの関連については4章2節で前述した）。

　しかし，集落域全体や農家の日常的な管理作業から見ると，管理する面積や頻度が限定的な事例が多い。つまり，集落全体の空間管理に対する実質的な貢献よりも，地域コミュニティの再生や地域資源への気づきといった効果を挙げる報告が多いのである。また，ユネスコの世界遺産が耳目を集めるとともに，ある程度の価値を持つと認められる地域空間は先人から受け継がれた遺産であり，文化財と同様に管理が必要であるとの理解が広まった。こうした背景から，

農村空間の管理を目的とする取り組みが増えてきた。たとえば，静岡県庁が主催する「一社一村運動」は，ある農村地域と，ある大学（会社）を引き合わせ，交流を促す取り組みである。静岡市の大代地区や松崎町石部地区では，学生による定期的な農作業が行われ，現在では学生が地域の空間管理に欠かせない存在となっている。しかし，一方，多くの地域では，都市住民による空間管理は，むしろ「足手まとい」で，農家の負担が増すというのが現実である。作業の習熟や都市住民の来訪頻度の向上により，空間管理への貢献が実質化する可能性がある。

多くの事例では，複数の目的を持ち，複数の活動が行われている。たとえば，先の広島県川根地区では，店やバスの再生だけでなく都市との交流も行っている。兵庫県旧養父町「ほたるの里」では，都市住民の来訪を契機に「ねっていうどん」など地域の伝統食を商品化し，地域外にある直売所などでも販売するようになった。

このように，目的を見るだけでも，地域づくりが非常に多岐に渡る活動であることがわかる。逆に，このように，非常にさまざまな活動を含むため，その分議論が難しいのである。

論点5　地域づくりの効用

上記では地域づくりの活動目的を見たが，これらは，地域をこのように変えたい，このように改善したいというねらいを持っている。また活動の過程で，当初想定していない効用が立ち現われることは珍しくない。たとえば，茨城県旧関城町では，「自然と触れ合わない地域の子どもたちのために何かをしたい」という住民有志のねらいがあった。里山の草刈りや萌芽更新，池やベンチなどの整備を自らの手で行う。しかし，地域づくりを始めてみると「子どもたちの笑顔と作業後の食事会が楽しみである」との声も聞かれるようになる。

これは当初想定していなかった地域づくりの効用であった。旧関

補章　地域づくりと地域の再生を目指して

城町の例では，里山の再生（空間管理）には，農村地域の荒廃を防ぐ効用が認められるが，当初のねらいは，子どもの遊び環境の創造であった。その後，住民たちは汗を流す喜び，子どもとの交流，食事会を楽しむという効用も自覚するようになった。

このように，地域づくりは，複数の効用を含む多義的なものである。また同時に，こうした地域づくりのねらいや効用を住民間で明確に共有することは，住民の広範な参加や活動の持続に有効である。住民の生活において，切実な問題を設定すると，地域づくりのねらいを住民間で共有することが容易である（たとえば，先の旧関城町の事例では「ゲームばかりしている子どもたち」に対する教育的見地からの危機感が原点にある）。

こうした事例のように，楽しく活動し，参加者が楽しい気持ちになること，これも隠れた地域づくりのねらい，効用であり，地域づくりの持続にとっては決定的に重要な要素である。

論点6　地域づくりと多様な主体

地域づくりの主体はその地域に住む住民である場合が多いが，場合によっては，多様な主体が活動に参加することがある。たとえば，農家と非農家，地域住民と都市住民，地域と大学，地域と小学校，地域と企業，地域と各種団体，あるいはこれらの複数の組み合わせなど，多様な主体が地域づくりに関わっている。

こうした場合に問題が生じることもある。たとえば，まず都市住民と地域住民の関心の違いがある。千葉県のある都市近郊地域では，農家と都市住民による地域づくりがスタートしたが，生活や農業を改善したい農家と，農村の自然に触れ保全したい都市住民の議論が嚙み合わず，都市住民からは，農薬や化学肥料の使用について，生業を軽視しているととらえられかねない発言さえ聞かれたという。地域づくりに取り組むにあたり，お互いの考え方，生活スタイル，生業の差異があることを理解し，互いに敬意を払う必要がある。

また，活動を主導する主体の問題もある。これも千葉県の事例で，都市住民が主導して里山管理や農業体験などの活動を行うが，地域住民の都合や事情があまり考慮されずに物事が進められてしまった。そのため，参加する地域住民が減少し，多くの住民は無関心のままであるという。都市住民が主導する活動の中には，緑地の保全や自然体験，農業体験に関心が限定されていて，いわば農林地を借りた「よそ者」による住民不在の活動のようになっているものも散見される。多様な主体が参加する地域づくりでは，だからこそ，各主体の目的やメリットを慮る必要があるのである。

論点7　地域づくりの多様な側面

　地域づくりの成功事例として，マスコミによく取り上げられる事例がある。たとえば，徳島県上勝町（かみかつ）では，料理の飾りに使う葉，「つまもの」で年間2億円を超える売上げがあり，高知県馬路村では，柚子をブランド化し，各種の柚子関連商品で年間30億円ほどの売上げがある。いずれも地域づくりの取り組みが地域産業の柱となった事例である。

　本書で紹介した「ほたるの里」，「トンキラ農園」では，正規雇用，パート合わせて数名を雇い，年にもよるが，年間2000万円から数千万円の売上げがある。本書で紹介しなかったが，他の地域でも，新潟県旧大島村「庄屋の家」，長野県飯山市「森の家」では，やはり正規雇用，パート合わせて数名で年間3000万円程度の売上げがある。数名の住民が雇用され，地域産業としては一種の中小企業と位置づけられる。

　小田切は，月5万円以下の追加所得でも高齢者の多くは満足であり，こうした小さな経済をつくる有用性を説く[注4]。地域づくりは，地域経済を劇的に変える救世主であるというような乱暴な議論を退けつつ，地域住民の生活にとって一定の役割を果たす可能性を分かりやすく示した知見である。しかし，年金がない現役世代には当ては

補章　地域づくりと地域の再生を目指して

まらない。上勝町や馬路村のような例外を除けば，地域産業の衰退を地域づくりによってカバーできる事例は少ないことも事実である。

広島県川根地区のように，オンデマンド・バスの運行など行政サービスに近い部分まで地域づくりが担う場合もあるが，そうでなくても，地域づくりの組織は自治会や自治会の連合組織，あるいはこれを母体もしくは範囲域とする新しい組織が担うケースが多く，地域づくりが住民生活の向上を目指す自治的活動の一環であるとの見方もできる。つまり，地域づくり組織は，広域化，弱体化した自治体に代わり，「小さな範域を治める一種の自治体」の役割を担いつつあるのである。

さらに，行政側から見た場合，地域づくりへの支援施策は過疎対策である。これは，社会的に弱い立場にある地域（過疎地域，中山間地域）に対する，国民の基本的な権利を平等に担保するための富の再分配であり，社会福祉施策としての意味を持つ。地域づくりを「高齢者の生きがい対策」として支援する自治体があるのは，こうした考え方が背景にあるからである。EUにおいても，条件不利地域における地域づくりへの支援は，共通農業政策の中でも重要な位置を占める。日本と異なるのは，補助金でグローバルな市場から一度隔離しておく，あるいは「下駄を履かせる」という点では同じだが，その後は，厳しく経済性，採算性を求める点である。我が国においても，地域づくりを採算度外視の社会福祉施策から市場原理へとつなぐ補助金のあり方はもっと検討されてよい。

つまり，地域づくりは，地域産業の再生，生活の質を維持する自治的，自治体的活動，社会福祉施策の一種とさまざまな側面を持っている。地域づくりの多面的な側面を認識すべきである。

論点 8　地域コミュニティの再生

住民が地域づくりを始めた動機について，「若者が出て行き，戻らない」，「高齢化して人がいなくなり将来，地域がなくなるので

は」といった危機感が聞かれることは多い。一方で，兼業化の進行などにより地域にコミュニケーションの機会や場が減少し，人づきあいが減ったとの発言も聞かれる。同時に，新住民の増加による地域運営の難しさや，独居高齢者の増加による見守りの必要性など，時代の変化に対してコミュニティが対応できていない面も指摘できる。

つまり，地域コミュニティの課題には，高齢化，人口流出によるマンパワーの弱体化，コミュニケーションの希薄化，時代変化への不適応といった機能面での弱体化がある。地域コミュニティの再生には，伝統的価値観の悪しき部分の改革を避けては通れない。たとえば，女性は早く結婚しろとか，長老に若者は頭が上がらないなど，封建性と言ってもよい要素が，若年層の流出を進めてきた。逆に，伝統的価値観の弱体化がコミュニケーションの希薄化を招いていくというジレンマがある。

地域コミュニティの再生は，伝統的価値観のうち，封建的な部分は改め，民主的なプロセスや平等な関係性を大切にしながら，一方で，相互扶助，助け合いを尊重し，楽しみつつ，地域の新しい課題に取り組むことである。

千葉県のある地域づくりの事例では，新住民の年配女性が，旧住民の長老に，懇親会のたびにズケズケ物を言っては絡んでいる。これは，年功序列や長老の権威を認めるならば「無礼」だが，民主的で平等な関係という建前から考えると問題ないと言える。最初，筆者は内心ひやひやしながら見ていたが，これが，古い価値観を修正し，対話を通じて新たなコミュニティを作っていく現場であると感じた。民主的で平等な関係という建前を本音にしていくことが，伝統的価値観を改めていく一つの方法なのだ。

地域づくりの，担い手の多くは，退職して時間に余裕のある高齢者である。現役世代，特に女性は，地域づくりの現場では少数派である。今後，高齢者がより高齢化し，担い手の世代交代が上手くいかなければ，地域づくりの持続は困難になる。これは多くの地域づ

補章　地域づくりと地域の再生を目指して

くりに共通する課題である。下の世代の参加と世代交代を進めるには，主体間，世代間の相互理解が重要な論点となる。都市だけでなく農村においても価値観は多様化している。こうした多様な価値観を認め合うことが，持続可能な社会を形成していくために必要である。

都市住民と農村住民の間，新住民と旧住民の間のコミュニケーションだけでなく，現役層と高齢者層の間のコミュニケーション（世代間の相互理解）が課題として挙げられる。現役層（若者層）にとって魅力ある組織運営の進め方や活動の内容にしていく必要がある。

これまで取り組まれてきた多くの地域づくりには，人と人との新たなつながり，自然との対話，地域アイデンティティ，あるいは個人のアイデンティティなどの個人の生きがいや幸福観に関わる要素が内包されている。そこに価値があり，支持もされてきた。しかし，価値観が多様化する中で，年功序列や封建性などこれまで明示されずにきた課題がある。現役層，若年層の参加のためには，個人の生きがい，幸福観，人間関係観にまで踏み込む必要がある。同質性が前提の「暗黙の了解」ではなく，「説明と相互理解」が必要なのである。

地域づくりに，異分子である新住民，都市住民，場合によっては学生が参加し，新しい枠組みで新しい作業を共にしていく中で，ゆっくりとコミュニケーションと相互理解が進む。人は目の前の新しい状況に適応していくものである。

こうした相互理解をどのように進めたらよいだろうか。一つの方法としては，年功序列や封建性を改めていくことを，明示的に地域づくりの課題として示すことが考えられる。なぜなら，地域づくりが持続せず困るのは，活動の主体である高齢層である。地域づくりの持続という大きな目的のために，高齢層の功利的判断を期待したい。

論点9　地域社会への受容

　地域づくりにとって，地域コミュニティとの関係は重要である。地域コミュニティに活動を受け入れてもらうことで，活動の範囲が広がり，地域全体の問題を解決していくことができる。受け入れてもらえないと，逆に足を引っ張られて活動は持続しない。

　一方，かつて農村は，物事を大きく変えてはいけない世界であった。農業は時期や作業手順が大まかに決まっており，変えないことが良いことであるとの価値観が残る。長期に継続している地域づくりでは，活動の初期には異端扱いされたものが多いと聞く。程度の差はあっても，新しい組織と古い組織の相克，新しい考え方を受容する葛藤のプロセスがあるのだ。

　地域づくりに参加する住民と参加しない住民の関係も重要である。よく「地域一丸となって」と言うが，やはり，地域づくりには中心メンバーがいるものである。地域コミュニティには，地域づくりの中心メンバーとその支持者，そして傍観者がいる。その傍観者から，文句を言われていても，活動に対する暗黙の了解が得られることが重要である。そのためには地域づくりの目標や成果が，傍観者にとっても利益となることが重要である。4章2節の「ほたるの里」では，傍観者であっても「地域が明るくなった」と評価している。

　俗に，地域づくりに必要な人材を表す言葉に「若者」，「よそ者」，「馬鹿者」という言い方がある。「若者」とは，若い力という意味で，「よそ者」とは，論点3で示した，「地域の新しい価値を気づかせ，評価を与える地域外の人」という意味で，「馬鹿者」とは，まるで「バカ」のように地域づくりに情熱を傾ける者という意味であろう。

　つまり，多くのエネルギーを持ち，それを地域づくりに投入できる人材が必要であるということだ。言い換えれば，誰かが，多くのエネルギーを投入しなければ，地域づくりは持続しない。

　また，「ほたるの里」（4章2節）という言葉にも表れているよう

に，新しい地域のあり方，新しい地域のアイデンティティが示され，これが地域の傍観者にとって新鮮に映ることも，地域コミュニティに受け入れられる契機となる。

論点10　住民参加と，自治体，専門家

　近年，自治体の財政難は一般的なものとなり，たとえば公園の管理などにおいても，行政サービスのコストを削減したいがための手段として，住民による自主的な地域づくりに行政サービスの一部を任せたいという期待が高まっている。そのため，ダム建設や産業廃棄物の立地などの自治体と住民の対立がない地域であれば，地域づくりは自治体からむしろ歓迎されることも多い。たとえば，安芸高田市では，川根地区（前掲）の成功を受け，旧村毎に振興協議会を設けて，交付金を配布し，自主的な活動を促している。しかし一方で，自治体と敵対すれば，地域づくりに必要な支援が得られない。長期的にはやはり自治体の支援がなければ，長期的には地域づくりの範囲や効果は限定される。自治体に依存し過ぎず，自治体の思惑（公共事業を進めたい等）とは距離を置きつつ，一方的に利用されるのではなく，対等な関係をつくっていく必要がある。

　専門家（大学教員，コンサルタント，地域外の支援組織等）の役割についても整理したい。住民は，もともと，地域づくりに関連する専門的な知識，たとえば，公民館の建設であれば，建物の構造やデザインの技術のようなもの，を持っているわけではない。専門的知識については，地域づくりの過程で，専門家がわかりやすい言葉で説明し，住民に学んでもらいながら，専門家と住民がともに考えていくことが必要である。同時に，専門家は地域住民から地域の情報や考え方（地域資源，要望，生活文化など）を学ぶことで初めて，自分たちの専門知識，技術をその地域に援用できるようになる。つまり，お互いに学び合うプロセスが必要である。加えて，農村計画学，都市計画学の分野では，住民の理解を進め問題意識を共有するために，

わかりやすくビジュアルに地域の課題や計画を示すことも専門技術の一つである。[注5]

別の言い方をすると，単発のワークショップを行うだけでは，住民と専門家との学び合いのプロセスがなく，表面的で浅い理解をもとにした判断が行われる危険性がある。ワークショップの開催手法や意見のまとめ方などのマネジメント技術も大事であるが，専門家の役割は，その専門的知識，技術を住民に伝え，また住民からの情報をもとにして地域に適用できる知見へとレベルアップさせることである。

さらに，住民参加型の地域づくりには，住民の意志を尊重しさまざまな意欲を高めるという側面と，その成果によって，良い公園を作る等，地域の環境を改善する側面がある。この両方を混同せず，両面から地域づくりを推進する必要がある。[注6]

地域づくりに対する筆者のスタンスについて述べたい。地域づくりは課題の解決のために必要な活動であるが，課題解決のための理論は，日常的な生産，生活活動の分析から出てくると考える。[注7]筆者は，何が起きているかを精緻に観察すること，すなわち，問題解決のための理論構築に軸足があり，地域づくりを実際に動かすことを主な目的とする専門家とは立場が異なる。同時に，その地域に永住しない限りは部外者であるから，地域づくりへ深く関与し，その結果に全面的に責任を持つことは難しいとも考える。地域づくりに専門家として携わるにあたっては，自分がその地域から撤退した時に住民が活動を持続できるかどうか，そのために住民に依存され過ぎないことが重要であると考える。

論点11　支援制度

地域づくりに対する行政（国，自治体）等による支援制度はさまざまである。①活動支援型，②空間管理型，③人材派遣型，④空間整備型，に分けて説明する。[注8]

補章　地域づくりと地域の再生を目指して

「活動支援型」は，地域づくりの活動に必要な経費を提供するものである。「食と地域の交流促進対策交付金」（農林水産省）などがあるが，近年，民間の環境系，福祉系の財団においても，こうした地域づくりの活動を支援するものがある。東日本大震災以降，復興支援の文脈からこうした活動への支援が増加している。

「空間管理型」は，農林水産省が所管する「中山間地域等直接支払制度」や「多面的機能支払交付金（旧農地・水保全管理支払交付金）注9」など，農山村地域の持つ公益的機能を根拠に，農地や水路などの空間管理に関わる活動に対して資金を提供するものである。空間管理を活動の目的とする地域づくりであれば，これらを活用することも考えられる。

「人材派遣型」には，大学の研究者や地域づくり支援組織の代表などの専門家を地域へ派遣し，必要経費を支給する制度がある。また，「集落支援員制度」など，長期に渡り現地に滞在し，地域づくりをサポートする人材を派遣する制度もある。つまり地域づくりのノウハウを持った人材を地域に紹介，派遣することで，地域づくりの立ち上げや，さらなる持続を支援するものである。

「空間整備型」は，こうした地域づくり活動のうちで，物販施設，宿泊施設や自然再生（ビオトープ作り）など空間を整備する際に資金を提供するものである。

以前は，「箱もの行政」と言って，道路やトンネルを作るのと同じ発想で「空間整備型」が多く見られた。近年は，施設を整備しても，人材や経営についての検討が不十分であると運営が持続しないなど無駄な公共事業として批判を浴びることも多くなり，以前ほどの勢いはない。代わって，「活動支援型」，「人材派遣型」が増加している。さらに，支援のあり方について言えば，息の長い支援，柔軟で目的を限定しない支援（使いやすい支援），支援団体との関係構築に対する支援が望まれる（補助金の公平性や適切性に神経を使い，書類上の体面を保つため，結果として，非常に使いにくく，金額の割に効果的な支援ができていない制度も多い）。

一方，地域の側では，支援制度に振り回されず必要に応じて，それらをうまく活用していくことが望ましい。

提言　地域づくりの始め方

　最後に，地域づくりをこれから始める人たちに向けて，始め方の一例を示す。

(1)　環境点検の実施
　カメラやメモ用紙を持って，まず地域を歩いてみる。地域の良いところ，課題を見つけ，話し合う。これにより，地域の価値を再発見し，また改善するポイントが明確になる。地域づくりの材料や目標を探すには，地域を舐めるように細かく，またたとえば，子どもの視点から，歴史の視点からなどさまざまな視点で見る。それは同時に，地域を見ることを契機に，地域づくりの中身や考え方を深める機会となる。

(2)　地域ビジョンの策定
　(1)で地域の良いところや課題を抽出したら，それをもとに，地域が今後どのような方向に進むべきか，どのような姿を目指すべきかを話し合う。「地域への夢を語ってください」というワークショップを開催するのも一つの方法である。
　　例：自然を活かし，都市との交流を進める○○地区。

(3)　アクションプランの策定
　地域ビジョンをもとに，具体的にどのような活動，プロジェクトを行うかを話し合う。
　　例：都市の住民と交流できる花の咲く散歩道を作る。
　また，ビジョンの中で空間管理に関わるものはないだろうか。もしあれば，空間管理の新しい仕組みと，これを持続させる仕掛けを

補章　地域づくりと地域の再生を目指して

考える。
　　　　例：休耕地を再生し，体験農園を整備し，都市住民との交流の
　　　　　　場をつくる。

(4)　地域づくりで目指すものを話し合う
　地域づくりが目指すものは大きく二つに分けられる。①具体的な活動を通じて実際に目に見えるかたちで地域を改善していくこと（散歩道の整備など），②住民が話し合いや活動それ自体を楽しみ，意志疎通を図り，仲が良い人が増え，元気になること，である。この二つの目指すものを確認しておこう。
　どうしても農地を守りたいのか，飲み会を楽しくやって住民同士が仲良くなれば良いのか。地域づくりの目指すものを確認するということである。

(5)　地域外組織，補助金の活用
　地域づくりの立ち上げに戸惑う時など，地域づくりを支援する組織や大学の研究室など，地域づくりの専門家を活用するのも一つの方法である。ワークショップなど話し合いの進め方や地域ビジョンのまとめ方などのノウハウを伝授してもらえるだろう。専門家はそれぞれの得意な分野があるので（自然に強い，福祉に強いなど），相性を良く見極めて依頼しよう。
　同時に，国や自治体が実施する地域づくりの支援事業を利用することも考えられる。どのような支援事業があるのか，国や自治体のホームページを見たり，あるいは自治体担当者や専門家に相談するとよい。

注釈
注1）　これらの見解は，筆者が地域調査で，「（回答者が）なぜ地域に残ったのか」，「なぜ多くの若者が戻らないのか」といった質問や会話を行うと，よく聞かれることがらである。

注2) 筆者は，岩手県大船渡市末崎町細浦地区において2012年から，復興まちづくり，生活復興調査を行っている。支援メンバーは，筒井義冨（NPOチーム田援），唐崎卓也（農村工学研究所），藤田千晴（中小企業診断士），佐川秀雄（一級建築士），千葉大学地域計画・齋藤研究室の学生である（文献1），2）参照）。

注3) 詳細は文献3)を参照。

注4) 文献4)において小田切は，住民に対して「あとどのくらいの追加所得があれば満足か」との設問等から成る調査から，「小さな経済」で農村再生は十分達成できると述べている。

注5) たとえば，筆者は，注2)に示した津波被災集落の地域づくりにおいて，防潮堤の検討を行った。その時に，新しい防潮堤を写真に合成し，目に見えるかたちでシミュレーションを提示したところ，一気に住民の理解が進み，湾の内側に防潮堤を作る案は却下された。また地域から出た復興に関する要望を地図上にわかりやすく整理して記入した。同時に仮設住宅でのインタビュー調査を行うことで，自治会やワークショップでは出にくい潜在的な課題を把握することができた。こちらは専門性を地域に援用するために，地域住民から学ぶプロセスにあたる。

注6) 注2)で取り上げた復興まちづくりにおいて，当初，住民から出た復興課題は道路整備や高台移転などその時点で困っている課題に集中した。そのため，浸水域の再建，商店街の再建など長期的で重要な課題は，筆者ら専門家側から問題提起を行った。通常の地域づくりでは，住民の主体性を尊重し活動を継続する力を養うため，専門家からの提案は限定するべきと考えるが，復興計画のような緊急を要する場合には，地域づくりの目に見える成果にこだわるべきだと考える。

注7) たとえば生業の変化や空き家の発生プロセスを明らかにすることは，地域づくりと直接は関係がない。

注8) 農林水産省，国土交通省，総務省のホームページを参照した（2014.10最終閲覧）。

注9) 農山村地域が適切に管理されていることで，結果として土砂災害の防止や治水などの国土保全に役に立っていて，その機能を言う。また多面的機能ともいう。

参考文献

1) 齋藤雪彦，筒井義冨，唐崎卓也，ウ・インイン：大船渡市細浦地

区における生活リズムの回復と震災復興，2013年度日本建築学会大会研究懇談会資料，集落に根ざす住まいの再建，2013
2) 齋藤雪彦，唐崎卓也，ウ・インイン：大船渡市細浦地区における復興課題に関する報告，日本建築学会学術講演梗概集，農村計画分野，pp. 37-38, 2013
3) 齋藤雪彦，中村攻，木下勇，椎野亜紀夫：中山間地域における集落空間管理とグリーンツーリズムの関係に関する研究，ランドスケープ研究，64(5), pp. 887-892, 2001
4) 小田切徳美：農山村再生「限界集落」問題を超えて，岩波書店，2009
5) 小田切徳美：農山村再生の実践，農文協，2011
6) 福与徳文：地域社会の機能と再生，日本経済評論社，2011
7) 齋藤雪彦：グリーンツーリズムと農山漁村地域の再生，住宅会議，88, pp. 13-16, 2013

あとがき

　本書では，空間管理の視点から，現在の農山村のある側面をつまびらかにすることができたと考えている。しかし，農山村の再生への道筋やビジョンについては，確固としたものを示せたわけではない。今後，研究活動を継続する中で，つくり上げていきたいと思う。筆者の現在の展望を示す。一つ目は現在，継続している東日本大震災被災地での活動，研究を通じ，生活や地域再生のあり方を根本から考えることで，新しい視点を獲得したい。二つ目は農山村の持つ「癒し」の機能に注目し，福祉的機能から，同地域をとらえ直したい。三つ目は，ヨーロッパ諸国における農村研究，農村研究者との交流を通じて，我が国の農山村をより俯瞰的に見ていきたい。

　農山村に身を置くこと，住民との対話，これ自体が至福の時間である（もちろん，仕事なので体力的，精神的ストレスもついて回るが）。一方，私たちの専門は，人々の生活から地域を見るという分野である。したがって，そこでの発見の多くは，日々の営みを別の視点から見ることであり，自然科学における「世紀の大発見」のような派手さとは無縁である。しかし，住民との対話や，研究者や学生との議論，データの分析を通じて，こうした発見をしていくことも至福の時間である。本書が読者と至福の時間を共有するきっかけとなれば幸いである。

　多くの研究助成を得ることができ，研究を継続することができた。

あとがき

関係の諸団体に感謝申し上げたい。

　本書の1章1節，2節は，学位論文をベースにしているが，三村浩史先生（京都大学名誉教授），中村攻先生（千葉大学名誉教授）の学恩によるところが大きい。また，2章の一部は，立命館大学の吉田友彦氏との共同研究であり，議論を通じて，多くの示唆を頂いた。

　さらに，3章の一部は，北海道工業大学の椎野亜紀夫氏との共同研究であり，議論を通じて，多くのインスピレーションを頂いた。東日本大震災の支援に関わる記述については，活動を継続し，知見を得られたのは，筒井義冨氏（NPO法人チーム田援），唐崎卓也氏（農村工学研究所），藤田千晴氏（中小企業診断士），佐川秀雄氏（一級建築士），佐藤隆雄氏（防災科学技術研究所）のおかげである。特に，筒井義冨氏には，長年に渡り，地域づくりについて多くの示唆を頂いてきた。旧養父町奥米地集落の故村崎会長ほかの皆さん，君津市貞元地区の齊藤貞夫氏ほかの皆さんには，調査や地域づくりの現場にご同行，ご協力頂き，多くの知見を得ることができた。それ以外にも，大船渡市細浦地区の滝田松男氏ほかの皆さんをはじめ，多くの地域での住民の方々，旧養父町，静岡県はじめ多くの自治体の方々との出会いが本書を形づくっている。東京農工大学地域生態システム学科　元齋藤研究室，千葉大学園芸学部　地域計画学・齋藤研究室の多くの学生，大学院生の協力なしに現地調査は成立しえなかった。ここに書ききれない多くの方々を含め，あらためて皆様のご指導やご協力に感謝申し上げたい。

　世界思想社の皆さんには，企画段階から校正に至るまで長期間にわたり大変お世話になった。千葉大学園芸学部会計係の小池礼夫氏ほかの皆さんには出版助成の手続きでお世話になった。あらためて感謝申し上げたい。

　本書は2014年度日本学術振興会・科学研究費補助金（研究成果公開促進費）による助成を受け，出版を行ったものである。

初出論文

1章

齋藤雪彦，中村攻，木下勇：中山間地域における集落域の空間管理に関する基礎的研究，農村計画学会誌18(4)，275-286，2000

齋藤雪彦，中村攻，木下勇，筒井義富，椎野亜紀夫：中山間農村における生産，居住空間の空間管理作業に関する研究，日本建築学会計画系論文集 NO. 527, 155-162，2000

齋藤雪彦，中村攻，木下勇，筒井義富：中山間地域の水田作集落における生産，居住空間の空間管理作業に関する研究，日本建築学会計画系論文集 NO. 539, 163-170, 2001

齋藤雪彦：長野県遠山地域における空き家と農地の管理実態に関する事例研究，食と緑の科学62，45-52，2008

2章

齋藤雪彦，吉田友彦，高梨正彦，椎野亜紀夫：都市近郊農村地域における集落域の空間管理の粗放化に関する基礎的研究，日本建築学会計画系論文集 NO. 566, 39-46, 2003

齋藤雪彦，全銀景：都市近郊農村地域における集落域の空間管理の粗放化と土地利用規制の課題，日本建築学会計画系論文集 594, 53-60, 2005

Yukihiko SAITO, Katsunori FURUYA and Tomohiko YOSHIDA: Study of Management and Spatial Characteristics of Neglected Land in Settlements in Suburban/Rural Areas Journal of Environmental Information Science vol. 35, NO. 5, 157-166, 2007

齋藤雪彦，吉田友彦：都市近郊集落域における地域住民の就業構造に関する基礎的研究，日本建築学会計画系論文集 609, 53-60,

初出論文

2006

(同時にデータや図表の多くは「齋藤雪彦：里山が危ない，千葉日報社，2009」のものを改訂・転載した。)

3章

齋藤雪彦：都市近郊農村地域における余暇生活と その個人化，孤立に関する基礎的研究―地域社会における生活の個人化と社会的孤立に関する研究　その1―日本建築学会計画系論文集 673, 543-552, 2012

齋藤雪彦：首都圏小都市の近郊農村地域および中心市街地における余暇活動とその個人化，孤立に関する研究，―地域社会における生活の個人化と社会的孤立に関する研究　その2―日本建築学会計画系論文集 683, 73-80, 2013

4章

齋藤雪彦，中村攻，木下勇：グリーンツーリズムの趨勢に関する研究，ランドスケープ研究 61(5), 759-762, 1998

齋藤雪彦，椎野亜紀夫：農業資源活用型観光活動の実態に関する事例研究，ランドスケープ研究 65(5), 779-784, 2002

齋藤雪彦，中村攻，木下勇，椎野亜紀夫：中山間地域における集落空間管理とグリーンツーリズムの関係に関する研究，ランドスケープ研究 64(5), 887-892, 2001

全銀景，齋藤雪彦，千賀裕太郎：中山間地域におけるグリーンツーリズムの取組みと農地管理及び共同空間管理の可能性に関する考察，農村計画論文集 NO.5, 211-216, 2003

全銀景，齋藤雪彦，筒井義冨，千賀裕太郎：中山間地域の果樹作集落及び水田作集落における生産空間の空間管理作業時間に関する分析，日本建築学会計画系論文集 592, 101-108, 2005

齋藤雪彦：集落空間管理とグリーンツーリズム，国立民族学博物館調査報告「文化遺産マネジメントとツーリズムの現状と課題」51,

247-279，2004

齋藤雪彦：グリーンツーリズムで川や畑を守る，季刊まちづくり16，40-43，2007

補章

齋藤雪彦：グリーンツーリズムと農山漁村地域の再生，住宅会議88，13-16，2013

齋藤雪彦，唐崎卓也，ウ・インイン：大船渡市細浦地区における復興課題に関する報告，日本建築学会学術講演梗概集，農村計画分野，37-38，2013

齋藤雪彦：都市近郊地域の再生に向けた空間管理と主体形成，農村計画学会誌 Vol. 29 No. 3，353-357，2003

助成事業

2014年度日本学術振興会・科学研究費補助金・研究成果公開促進費（学術図書）

2014-2016 日本学術振興会・科学研究費補助金・基盤研究（C）「三陸漁村地域における生活回復の個別性と復興支援活動の計画化」（代表：齋藤雪彦）

2011-2014 年度日本学術振興会・科学研究費補助金・基盤研究（C）「農村勤労者の社会的孤立と居場所づくりに関する研究」（代表：齋藤雪彦）

2008-2010 年度日本学術振興会・科学研究費補助金・基盤研究（C）「現代ストレス社会における都市勤労者のレクレーション生活構造」（代表：齋藤雪彦）

2005-2006 年度日本学術振興会・科学研究費補助金・基盤研究（C）「中山間地域における空間管理から見た集落消滅プロセスに関する研究」（代表：齋藤雪彦）

2005-2007 年度日本学術振興会・科学研究費補助金・基盤研究（B）「持続的ツーリズムと地域環境再生に関する理論的・実証的

初出論文

研究」（代表：松村和則）

2004年度国土交通省・水資源局土地関係研究者育成支援事業「首都圏郊外部における放棄住宅地の環境管理に関する基礎的研究」（代表：吉田友彦）

2002-2003年度日本学術振興会・科学研究費補助金・基盤研究（C）「グリーンツーリズム型観光開発地域における集落空間の変容に関する研究」（代表：千賀裕太郎）

2002-2003年度日本学術振興会・科学研究費補助金・若手研究（B）「都市近郊農村地域における「空間の粗放化」に関する研究」（代表：齋藤雪彦）

2001年度国土交通省・水資源局土地関係研究者育成支援事業「旧住宅地造成事業地区およびその周辺農地における空間の粗放化に関する研究－茨城県つくば市を事例として－」（代表：吉田友彦）

1999年-2000年度日本学術振興会・科学研究費補助金・特別研究員奨励費「農村空間の管理に関する研究」（代表：齋藤雪彦）

図表一覧

1章　中山間地の荒廃

図1-1-1　養父市の位置　5
図1-1-2　旧養父町内における調査対象集落の位置　6
表1-1-1　奥米地集落における空間管理の変遷　7
表1-1-2　唐川集落における空間管理の変遷　8
図1-1-3　山地における土地利用の変化（奥米地）　9
図1-1-4　平地における土地利用の変化（奥米地）　10
図1-1-5　山地における土地利用の変化（唐川）　11
図1-1-6　平地における土地利用の変化（唐川）　12
図1-1-7　管理目的の変化と管理状況変化　13
図1-1-8　空間管理区分の断面概念図　16
図1-1-9　空間管理類型と管理放棄の段階性　19
図1-1-10　空間管理類型の集落内分布と管理目的の変化　20-21

図1-2-1　調査対象集落の位置　26
図1-2-2　土地利用図（大沢中）　28
図1-2-3　土地利用図（大網）　29
図1-2-4　土地利用図（入山尾）　30
表1-2-1(1)(2)　集落域で実施されている管理作業の概略　32-33
表1-2-2　農家属性と管理作業頻度　37

図1-3-1　SG集落の概要　47
図1-3-2　KJ集落の概要　48
図1-3-3　KM集落の概要　49
表1-3-1　SG集落の過疎化と空間管理　52-53
表1-3-2　KJ集落の過疎化と空間管理　54
表1-3-3　KM集落の過疎化と空間管理　56
図1-3-4　SG集落の空間管理者の分布　59
図1-3-5　KJ集落の空間管理者の分布　61
図1-3-6　KM集落の空間管理者の分布　62

2章　都市近郊地域の荒廃

図2-1-1　つくば市X集落の土地利用現況図　73
図2-1-2　柏市Y集落の土地利用現況図　74
図2-1-3　つくば市A集落の土地利用現況図　75
図2-1-4　つくば市B集落の土地利用現況図　76
図2-1-5　つくば市C集落の土地

図表一覧

利用現況図　77
図2-1-6　つくば市D集落の土地利用現況図　78
図2-1-7　つくば市E集落の土地利用現況図　79
表2-1-1　粗放化類型と土地所有構造　83
表2-1-2　土地所有の概要　83
図2-1-8　外部所有者の内訳　84
表2-1-3　1952年における土地所有構造　84
表2-1-4　管理放棄に至った事情に関わる集約シートの抜粋　86
表2-1-5(1)(2)　管理放棄地の詳細　87-88
表2-1-6　都市的利用地の分類と柏市Y集落の現況写真　90
表2-1-7　正常管理型の詳細　92-93
表2-1-8　仮置き型，埋設型の詳細　94
表2-1-9　残土置き場型，廃棄物置き場型，処分場型の詳細　95

図2-2-1　旧大栄町Z集落土地利用図　107
表2-2-1　現在もしくは経験した農業以外の勤務地　109
図2-2-2　勤務地　110
図2-2-3　男女別に見た勤務地　110
図2-2-4　年齢別に見た勤務先　111
図2-2-5　年齢別に見た勤務形態　111
表2-2-2(1)(2)　農業・農地から見た住民の類型化　113-114

3章　農山村地域の余暇活動, つきあいの変化

表3-1　ヒアリング記録の概要（貞元地区）　130-131
表3-2　ヒアリング記録の概要（大代地区）　138-139
図3-1　余暇パターン　142
図3-2　余暇を主に過ごす場所の傾向　143
表3-3　余暇の内容　145
図3-3　地域組織への参加状況　147
図3-4　地域でのつきあいの状況　148
図3-5　近所つきあいの状況　149
図3-6　地域内外での交流と非交流　152

4章　地域空間管理の再生へ向けて

図4-2-1　奥米地集落と「ほたるの里」関連施設　175
図4-2-2　「ほたるの里」に関わる年表　176
図4-2-3　荒谷集落の位置　177
図4-2-4　荒谷集落と「トンキラ農園」の位置　177
図4-2-5　ほたるの里における主体，施設，共同空間の関係　179
表4-2-1　グリーンツーリズムへの参加状況と農家類型　181
図4-2-6　農地管理者の空間管理類型プロット図（奥米地）　186

著者紹介

齋藤雪彦（さいとう　ゆきひこ）

1966年生まれ。京都大学建築学第二専攻修了。現在，千葉大学大学院園芸学研究科准教授。博士（工学），一級建築士。専門は農村計画・都市計画。中山間地域，都市近郊地域，東日本大震災被災地における地域づくりに関わりながら，復興計画，コミュニティとコミュニケーション，グリーンツーリズム，産廃問題，土地利用・管理に関する研究を進めて来た。長時間のインタビュー調査などにより住民の生活を見ることで，問題の所在や解決への道筋を明らかにしようとする。著書に『里山が危ない』（千葉日報社），『エコツーリズムを学ぶ人のために』（世界思想社，共著）など。

農山村の荒廃と空間管理
―― 計画学の立場から地域再生を考える

2015年2月25日　第1刷発行　　　定価はカバーに表示しています

著　者　　齋　藤　雪　彦
発行者　　髙　島　照　子

世界思想社

京都市左京区岩倉南桑原町56　〒606-0031
電話 075(721)6506
振替 01000-6-2908
http://www.sekaishisosha.jp/

© 2015 Y. SAITO　Printed in Japan　　（印刷・製本 太洋社）

落丁・乱丁本はお取替えいたします。

JCOPY ＜(社)出版者著作権管理機構 委託出版物＞
本書の無断複写は著作権法上での例外を除き禁じられています。複写される場合は，そのつど事前に，(社)出版者著作権管理機構（電話 03-3513-6969，FAX 03-3513-6979，e-mail: info@jcopy.or.jp）の許諾を得てください。

ISBN978-4-7907-1653-2